작게 지어 넓게 쓰는 멋진 단층집 짓기

엑스날러지 편
이지호 옮김

한스미디어

의도적으로 복도를 설치한다

방과 방이 하나의 층에 모여 있는 단층집에서는 의도적으로 복도를 설치해 공간을 나누는 것도 하나의 방법이다. 또한 천창이나 고창, 난간 등을 각 방에 빛을 끌어들이는 채광창으로 활용할 수 있다.[36페이지 참조]

높이의 변화를 통해 단조로움을 피한다

단층집은 설계에 따라 단조로운 인상을 줄 수도 있지만 천장이나 바닥의 높이에 변화를 주면 공간에 개성이 만들어진다.[56페이지 참조]

부지에 여백을 남긴다

넓은 부지를 전부 사용하지 않고 100제곱미터 정도의 아담한 단층집을 짓는 방법도 추천한다. 그만큼 정원의 면적이 넓어져서 외부 공간과도 마음껏 연결할 수 있다.[40페이지 참조]

다락을 활용한다

로프트 등을 설치하면 채광과 수납 등 다양한 문제를 해결할 수 있다.[64페이지 참조]

지진에도 강한 구조

단층 주택은 다층 주택보다 지진에 강하기 때문에 자유롭게 설계할 수 있다. 대형 개구부(채광이나 환기, 통풍 등을 위한 장치)를 설치해도 내진 등급 3을 취득하는 데 어려움이 없는 등, 단층 주택에는 여러 가지 구조적 강점이 있다.[88·90페이지 참조]

미래에도 안심하고 살 수 있는 배리어프리

단층집은 높낮이 차이가 없어 안심하고 살 수 있다. 입구 진입로를 경사로 만들고 복도의 폭을 넓게 확보하여 난간을 설치하는 등 노후 생활을 염두에 두자.[114페이지 참조]

장작 난로와의 궁합 최고

특히 100제곱미터 정도의 작은 단층집은 장작 난로와 상성이 매우 좋다. 장작의 반입이나 유지 관리 등의 허들도 크게 낮아진다.[152페이지 참조]

깊은 처마와 반옥외 공간

실내 공간과 외부가 수평으로 연결되어 있어, 처마를 깊게 내서 햇볕을 차단하고 부담 없이 밖으로 나갈 수 있는 토방이나 테라스를 설치하면 생활이 훨씬 풍요로워진다.[12·20페이지 참조]

고양이도 좋아하는 높이

툇마루에서 햇볕을 쬔 뒤에는 높은 곳으로 올라가고 싶어 하는 것이 고양이라는 생물의 습성이다. 고양이가 싫증 내지 않도록 다락이나 캣워크를 설치해 주자.[150페이지 참조]

정원과 가까운 생활

실내와 외부의 거리가 가까운 것도 단층집의 커다란 매력이다. 정원의 식물을 감상하거나 텃밭을 마련해 채소를 수확하는 등 다양한 즐거움이 생겨난다.[72·120페이지 참조]

아이 방

현관

텃밭

멋진 단층집을 만드는 방법

최근 들어 단층집을 동경하는 사람이 늘고 있다.

안락한 툇마루나 테라스가 있어서 문득 밖으로 나가고 싶어지면 언제라도 곧바로 나갈 수 있는 정원과의 연결성이나 계단을 오르내릴 필요가 없어 안전하고 지진에도 강한, 스트레스로부터 자유로운 구조 등 어떤 의미에서 단층집에는 '이상적인 거주지'의 요소가 응축되어 있다고 할 수 있다. 이런 장점들을 어떻게 효과적으로 이끌어낼 수 있느냐가 '멋진 단층집'을 만드는 열쇠이다.

실내에 바람과 빛을 끌어들인다
단층집은 건축 면적이 넓기 때문에 중심부의 통풍·채광이 중요하다. 천창(天窓, 손이 닿지 않는 위치의 천장에 낸 창)이나 고창(高窓, 천장 가까이 설치하는 창)을 효과적으로 배치하자.[28페이지 참조]

유연한 동선
계단이 없는 단층집은 동선을 짜기 쉽기 때문에 동선이 꼬이는 일 없이 집안일이나 몸단장을 원활하게 할 수 있다.[48페이지 참조]

가족이 모이기 쉽다.
가족 개개인의 공간이 아래위층으로 나뉘지 않아서 같은 공간에 모이기 쉽다는 것도 단층집의 장점이다. 가족이 단란한 한때를 보내기에 적합한 구조의 집을 만들 수 있다.

반려견이 뛰어노는 놀이터
높낮이 차이를 싫어하고 야외를 좋아하는 개에게 단층집은 그야말로 최적의 주거지다. 언제라도 밖으로 나가 뛰어놀 수 있는 놀이터가 있다면 완벽하다.[80페이지 참조]

침실
W.I.C.
천창
세면·탈의실
욕실
복도
LDK
(거실·식당·주방)
처마
테라스

방 배치 원안: 마쓰바라 마사아키(기기 설계실)

Contents

멋진 단층집을 만드는 방법 ⋯⋯⋯⋯⋯⋯⋯⋯⋯⋯⋯⋯ 004

1장 | 단층집의 모범 답안

모범 답안 01 반옥외 공간으로 실내와 실외를 연결한다 ⋯⋯⋯ 012
- 토방 식당과 대형 개구부를 이용해 정원의 자연을 만끽한다 ⋯ 014
- 공과 사를 연결하는 통로 토방과 중정 ⋯⋯⋯⋯⋯⋯⋯⋯ 016
- 도로와 마주한 긴 툇마루에서 커뮤니케이션을 ⋯⋯⋯⋯ 018

모범 답안 02 생활을 뒷받침하는 깊고 낮은 처마 ⋯⋯⋯⋯ 020
- 처마를 낮춤으로써 자연의 힘으로부터 건물을 보호한다 ⋯ 022
- 10미터의 긴 처마 밑 공간을 툇마루로 ⋯⋯⋯⋯⋯⋯⋯ 024
- 깊은 처마는 외부에서의 시선을 차단하는 역할도 한다 ⋯ 026

모범 답안 03 중간 크기의 창문을 통해서 빛과 바람을 얻는다 ⋯ 028
- 방형지붕의 중심에 루프 발코니를 ⋯⋯⋯⋯⋯⋯⋯⋯ 030
- 앞으로 내민 외벽과 지붕의 틈새로 빛을 끌어들인다 ⋯ 032
- 고창을 통해서 들어온 빛을 곡면 천장으로 확산시킨다 ⋯ 034

모범 답안 04 단층집의 곤란한 문제는 복도로 해결한다! ⋯ 036
- 침실과 수납공간을 복도로 간결하게 연결하다 ⋯⋯⋯⋯ 038

모범 답안 05 작게 만들어서 넓게 산다 ⋯⋯⋯⋯⋯⋯⋯⋯ 040
- 부지에 여백을 남긴다 ⋯⋯⋯⋯⋯⋯⋯⋯⋯⋯⋯⋯ 042
- 2×4 공법을 활용한다 ⋯⋯⋯⋯⋯⋯⋯⋯⋯⋯⋯⋯ 044
- 거실을 토방으로 만들어 정원과 연결한다 ⋯⋯⋯⋯⋯ 046

모범 답안 06 회유 동선이냐 직선 동선이냐에 따라 계획이 달라진다 ⋯ 048
- 공동의 공간과 개인의 공간을 나누는 회유 동선 ⋯⋯⋯ 050
- 동선 상에 13미터의 벽면 수납공간을 설치하다 ⋯⋯⋯ 052
- 중정을 중심으로 회유 동선을 만든다 ⋯⋯⋯⋯⋯⋯⋯ 054

모범 답안 07 높이의 변화를 통해서 공간을 나눈다 ⋯⋯⋯ 056
- 복수의 시선 높이로 공간을 풍요롭게 ⋯⋯⋯⋯⋯⋯⋯ 058
- 바닥의 높낮이 차이로 공간을 나눈다 ⋯⋯⋯⋯⋯⋯⋯ 060
- 천장이 낮고 구성이 단순한 공간을 완충 지대로 사용한다 ⋯ 062

모범 답안 08 다락을 활용해 쾌적하게 생활한다 ⋯⋯⋯⋯⋯⋯⋯⋯⋯ 064
• 로프트를 이용해 남쪽 정원에서 집 안으로 바람을 끌어들인다 ⋯⋯⋯ 066
• 톱니형 지붕으로 통풍·채광을 확보한다 ⋯⋯⋯⋯⋯⋯⋯⋯⋯⋯⋯ 068
• 커다란 지붕+예비실로 개방감 넘치는 홀을 만든다 ⋯⋯⋯⋯⋯⋯⋯ 070

모범 답안 09 정원과 건물의 편안한 위치 관계 ⋯⋯⋯⋯⋯⋯⋯⋯⋯ 072
• 프라이버시 보호와 개방감의 양립을 실현하는 중정 ⋯⋯⋯⋯⋯⋯⋯ 074
• H자형 단층집과 식재로 녹색이 가득한 집을 만든다 ⋯⋯⋯⋯⋯⋯⋯ 076
• 나무 벽과 중정으로 둘러싸인 도시형 단층집 ⋯⋯⋯⋯⋯⋯⋯⋯⋯ 078

모범 답안 10 반려견이 건강하고 즐겁게 살 수 있는 장치를 만든다 ⋯⋯ 080
• 반려견이 처마 밑과 중앙 복도를 뛰어다닐 수 있는 집으로 ⋯⋯⋯⋯ 082

  Column 1 환경에 맞춘 단층집
  다설 지역이지만 밝은 집으로 ⋯⋯⋯⋯⋯⋯⋯⋯⋯⋯⋯⋯⋯⋯⋯ 083

2장 | 단층집 설계의 고민 해결

고민 [비용]
단층집은 돈이 많이 들까, 아니면 적게 들까? ⋯⋯⋯⋯⋯⋯⋯⋯⋯ 086

고민 [구조]
구조를 궁리해서 자유롭게 방 배치를 하려면? ⋯⋯⋯⋯⋯⋯⋯⋯⋯ 088

고민 [내진 성능]
단층집을 지으려면 내진 등급 3으로 만들어야 할까? ⋯⋯⋯⋯⋯⋯⋯ 090
• 내진 등급 3이어도 건물의 바깥 둘레를 개방적으로 만들 수 있다 ⋯⋯ 092

고민 [온열 환경]
여름에는 시원하고 겨울에는 따뜻한 단층집으로 만들려면? ⋯⋯⋯⋯ 094
• 창호의 높이는 천장까지 ⋯⋯⋯⋯⋯⋯⋯⋯⋯⋯⋯⋯⋯⋯⋯⋯ 096
• 공간을 나누지 않고 원룸으로 만들어 전체를 덥힌다 ⋯⋯⋯⋯⋯⋯ 098
• 바닥 밑 공간을 효과적으로 활용한다 ⋯⋯⋯⋯⋯⋯⋯⋯⋯⋯⋯ 100

고민 [외관]
파사드를 아름답게 디자인하려면? ⋯⋯⋯⋯⋯⋯⋯⋯⋯⋯⋯⋯⋯ 102
• 높은 기초와 처마로 수평 라인을 강조한다 ⋯⋯⋯⋯⋯⋯⋯⋯⋯ 104
• 방형지붕으로 사방 어디에서나 아름다운 모습을 보인다 ⋯⋯⋯⋯⋯ 105

고민 [방범]

프라이버시와 방범 문제를 해결하려면 어떻게 해야 할까? ⸺⸺⸺ 106

• 루버로 외부의 시선을 적당히 받아들인다 ⸺⸺⸺⸺⸺ 108

• 커튼이 필요 없는 코트하우스 ⸺⸺⸺⸺⸺⸺⸺ 109

고민 [다세대 주택]

모두가 편안하게 생활할 수 있는 다세대 단층집을 만들려면? ⸺⸺ 110

• 3세대의 편안한 거리감 ⸺⸺⸺⸺⸺⸺⸺⸺⸺ 112

고민 [배리어프리] / 여생을 보낼 안식처로서 단층집을 어떻게 지어야 할까? ⸺⸺ 114

• 현관에 휠체어를 놓을 수 있는 여유를 둔다 ⸺⸺⸺⸺ 116

• 슬로프형 테라스로 실내와 실외를 연결한다 ⸺⸺⸺⸺ 117

    Column 2　환경에 맞춘 단층집

    주차장 지붕을 녹화(綠化)한 '단층집 스타일'의 집 ⸺⸺⸺ 118

3장 | 거주 만족도를 높이는 단층집의 작은 테크닉

작은 테크닉 [정원] 정원과의 거리감을 좁힌다 ⸺⸺⸺⸺⸺ 120

• 정원과 어울리는 담장을 만들어 정원을 일상적으로 즐긴다 ⸺⸺ 121

• 중정+덱으로 정원과의 거리를 좁힌다 ⸺⸺⸺⸺⸺ 122

작은 테크닉 [현관] 단층집의 현관은 넓고 평평하게 ⸺⸺⸺⸺ 124

• 현관 토방을 거실로 삼는다 ⸺⸺⸺⸺⸺⸺⸺⸺ 125

• 현관 포치에서 직접 거실로 ⸺⸺⸺⸺⸺⸺⸺⸺ 126

• 사람에게도 반려견에게도 편안한 플랫 현관 ⸺⸺⸺⸺ 128

작은 테크닉 [공간 나누기] 미닫이문이나 가구를 이용해서 공간을 나눈다 ⸺ 130

• 4짝 미닫이문으로 나눈 부부의 침실 ⸺⸺⸺⸺⸺⸺ 131

• 가족의 수납장으로 공간을 나눈다 ⸺⸺⸺⸺⸺⸺ 132

• LDK와 침실을 느슨하게 나눈다 ⸺⸺⸺⸺⸺⸺⸺ 133

작은 테크닉 [아이 방] 아이 방은 용도 전환을 전제로 ⸺⸺⸺⸺ 134

• 둘로 분할할 수 있는 아이 방 ⸺⸺⸺⸺⸺⸺⸺ 135

작은 테크닉 [욕실] 욕실에 실외로 시선이 빠져나갈 곳을 만든다············ 136
• 벽으로 둘러싸인 자투리 정원을 향해 열려 있는 욕실············ 137

작은 테크닉 [수납공간] 적재적소에 수납공간을 만든다············ 138
• 수납공간과 동선은 한 세트로 생각한다············ 139

작은 테크닉 [천장] 자유로운 형상의 천장을 즐긴다············ 140
• 밖에서 봐도 귀여운 파형 곡면 천장············ 141

작은 테크닉 [소재] 바닥·벽·천장의 질감을 신경 쓴다············ 142
• 마감재의 종류를 한정한다············ 143
• 긴 시간을 보내는 장소의 마감은 질 좋게············ 144
• 빛과 그림자의 농담을 소재로 강조한다············ 146

작은 테크닉 [밝기] 천창의 빛을 조절한다············ 148
• 복도에 빛을 끌어들인다············ 149

작은 테크닉 [반려묘와 생활] 고양이가 좋아하는 입체 구조············ 150
• 사람도 반려묘도 공간을 넓게 활용할 수 있는 단층집············ 151

작은 테크닉 [장작 난로] 장작 난로를 설치해 불과 함께 생활한다············ 152
• 장작 난로+토방으로 반옥외 공간을 연출한다············ 153
• 매일의 요리에 장작 난로를 최대한으로 활용한다············ 154

작은 테크닉 [프라이버시] 담장 이외의 것으로 시선을 가린다············ 156
• 잔토를 이용해 프라이버시를 보호한다············ 157

작은 테크닉 [유지보수] 유지보수의 관점에서 외벽을 생각한다············ 158
• 야쿠시마 삼나무 외벽으로 경년 변화를 즐긴다············ 159

작은 테크닉 [주차장] 주차장은 자연스럽게, 이용하기 편하게············ 160
• 건물과 일체화된 주차장으로 시선을 조절한다············ 161

Column 3 환경에 맞춘 단층집
태풍도 두렵지 않은 남국의 단층집············ 162

집필자 프로필············ 164

범례

이 책의 도면과 일러스트에 기재되어 있는 기호의 의미는 아래와 같습니다.

거실	→	L
식당	→	D
주방	→	K
화장실	→	WC
클로젯	→	CL
워크인클로젯*	→	W.I.C
슈즈인클로젯**	→	S.I.C
동선(주동선)	→	- - - - - - - ▶
시선	→	◀ · · · · · · · · · ▶
채광***	→	☼━━━━━
통풍	→	⤳⤳⤳⤳▷

* 걸어서 들어갈 수 있는 수납장.
** 신발을 신고 들어갈 수 있는 크기의 신발장.
*** 태양의 고도를 나타내는 것이 아니다.

1장

단층집의
모범 답안

안락한 단층집을 만들기 위해서는 2층집과는
다른 포인트를 파악할 필요가 있다.
이 장에서는 지붕을 뜯어낸 입체 일러스트를
통해 '멋진 단층집'들의 모든 것을 소개한다!

반옥외 공간으로
실내와 실외를 연결한다

모든 실내 공간과 외부가 수평으로 연결되어 있는 단층집의 매력을 유감없이 즐기려면 실내와 실외를 부담 없이 오갈 수 있는 '장치'가 필요하다. 최근에는 실내에 넓은 토방을 만들어 반옥외 역할을 하는 다목적 공간으로 사용하는 방식이 인기를 모으고 있다. 거실·식당·주방(LDK) 등의 중심 공간을 토방으로 만들면 가족이 모이는 장소와 실외가 직접 연결될 뿐만 아니라 장작 난로를 설치하거나 유지 관리하기에도 편하다.

실내에 있으면서도 계절마다 변화하는 빛과 바람, 나무 그늘 등을 피부로 느낄 수 있어서 거주자의 만족도도 높다. 정원이나 주위 환경과의 일체감도 매력적이다.

POINT

중심 공간을 토방으로 만든다

LDK에 대형 개구부를 설치해도 실제로 밖으로 나가기 번거롭게 설계한다면 단층집의 매력이 반감된다. 과감하게 LDK를 토방으로 만들면 실내와 실외의 심리적인 거리가 줄어든다.

POINT

통로 토방으로 공간을 연결한다

주거 공간과 작업장, LDK와 침실 등 프라이버시의 정도에 따라 공간을 나눌 경우, 통로 토방이 제격이다. 손님이 왔을 때의 동선도 자연스럽게 분리시킬 수 있다.

거주 공간   통로 토방   작업장

POINT

거리 쪽으로 열려 있는 처마 밑 공간을 만든다

내부와 외부의 관계가 밀접한 단층집에서는 주변 주민들과의 관계도 중요하다. 도로변에 넓은 처마 밑 공간을 설치하면 사람들이 모여드는 휴식처가 된다.

POINT

선룸을 설치한다

실내 빨래 건조장 설치는 이제 집을 지을 때 필수 사항이 되었다. 정원과 가까운 곳에 투명 지붕이 달린 선룸을 설치해 빨래 건조장으로 삼으면 채광과 통풍까지 확보할 수 있어 일석이조다.

토방 식당과 대형 개구부를 이용해 정원의 자연을 만끽한다

생활하는 동안 매일 정원의 풍요로운 자연을 즐길 수 있도록 식당·주방에 개방적인 소제창(바닥면에 붙는 창)을 설치한 단층집이다. 식당·주방의 바닥은 옥외에 설치한 안길이 2,800밀리미터의 테라스의 바닥과 똑같이 모르타르로 마감해 흙발로도 부담 없이 드나들 수 있다. 토방과 테라스의 높이 차이를 100밀리미터로 최대한 낮춰 실내와 정원의 수평적인 연결을 강조했다. 실내는 넓은 원룸으로, 각 공간의 바닥 높이에 변화를 주는 방법으로 식당과 거실, 사적 공간을 구분 지었다.

복도에서 주방을 통해 바라본 토방과 정원. DK를 청소하기 쉬운 토방으로 만들면 장작 스토브 관리나 청소도 크게 편해진다.

> DK의 토방→거실→복도(사적 공간)에 200~400mm의 높낮이 차이를 두어 공간을 구분했다.

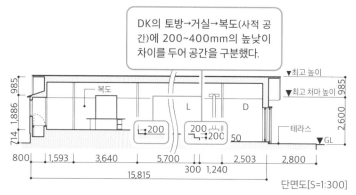

985
1,886
714

복도

▼최고 높이
▼최고 처마 높이
985
2,600

L

D

↳200
200
200
50
테라스
▼GL

800 1,593 3,640 5,700 2,503 2,800
300 1,240
15,815

단면도[S=1:300]

> DK의 토방 바닥과 외부 테라스 바닥의 소재 색깔을 일치시켜 하나로 연결된 공간처럼 보이게 한다. 주방도 흙발로 들어갈 수 있어 구입해 온 식재료의 반입 등이 편하다.

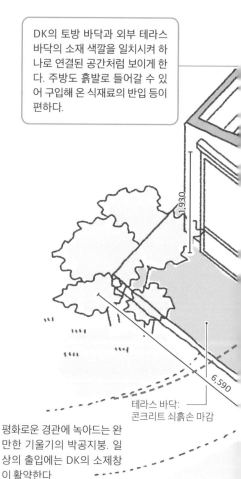

1,930

6,590

테라스 바닥:
콘크리트 쇠흙손 마감

평화로운 경관에 녹아드는 완만한 기울기의 박공지붕. 일상의 출입에는 DK의 소제창이 활약한다

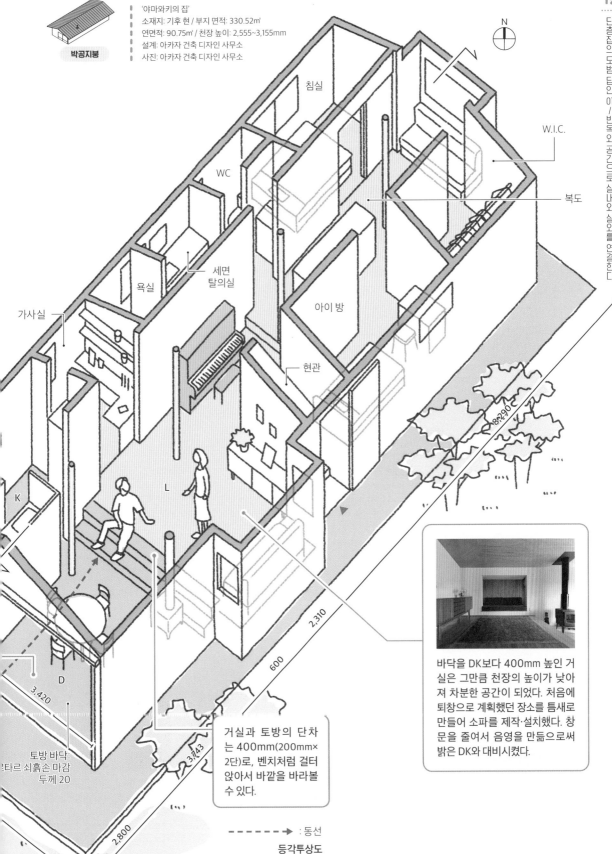

N

박공지붕

'야마와키의 집'
소재지: 기후 현 / 부지 면적: 330.52㎡
연면적: 90.75㎡ / 천장 높이: 2,555~3,155mm
설계: 아카자 건축 디자인 사무소
사진: 아카자 건축 디자인 사무소

N

침실

W.I.C.

WC

복도

세면
탈의실

욕실

아이 방

가사실

현관

K

L

D

8,290

2,310

600

3,420

3,743

2,800

바닥을 DK보다 400mm 높인 거
실은 그만큼 천장의 높이가 낮아
져 차분한 공간이 되었다. 처음에
퇴창으로 계획했던 장소를 틈새로
만들어 소파를 제작·설치했다. 창
문을 줄여서 음영을 만듦으로써
밝은 DK와 대비시켰다.

거실과 토방의 단차
는 400mm(200mm×
2단)로, 벤치처럼 걸터
앉아서 바깥을 바라볼
수 있다.

토방 바닥:
모르타르 쇠흙손 마감
두께 20

- - - - - ▶ : 동선

등각투상도

공과 사를 연결하는
통로 토방과 중정

주변에 건물들이 많을수록 빛과 바람을 실내로 끌어들이기 위한 전략이 필요하다. 이 단층집에서는 건물의 동서에 방화벽을 세우고, 연소 라인(이웃집 등에서 화재가 발생했을 때 불이 옮겨 붙을 우려가 있는 범위)을 피하는 역할을 겸하도록 중정을 설치했다. 그리고 진입로 겸 통로 토방을 통해 작업동(아틀리에)과 주방동, 거주동을 느슨하게 연결했다. 동쪽의 방화벽에는 중정의 창문에 연소 라인이 걸리지 않는 범위에서 확보한 슬릿(틈새) 형태의 개구부를 설치함으로써 거리에서 볼 때 '지나치게 닫히지 않은' 집으로 만들었다.

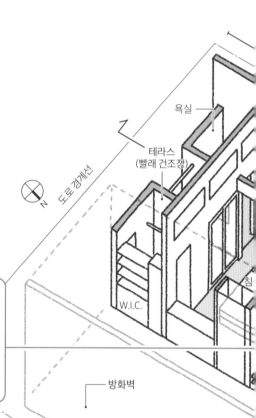

욕실

테라스
(빨래 건조장)

도로 경계선

N

W.I.C.

침

방화벽

동쪽은 상점가와 인접해 있어서 프라이버시 확보가 필수다. 준방화 지역인 까닭에 부지의 양 측면에 방화벽을 세우고 그 벽에 채광·통풍용 틈새를 설치했다.

상자 4개를 어긋나게 배치해 집 전체에 빛과 바람이 들어오게 했다. 중정에 빛이 잘 들어오도록 주방동의 높이를 억제했다.

거주동　　　　주방동　　　작업동

5　100　　　　　　　　　　5　100　　　　　725
5　100　　　　　　　　　　　　　　　　1,195
　　　500　1,135　　　　1,35
　　　2,885　　　　　180　　180　　2,520
W.I.C.　침실　2,100　LD 180　중정　2,100　WC　▼1FL
　　　　　　　2,100　2,100　　　　　▼GL　500

1,820　2,910　3,185　4,370　2,730　1,365

☀－ : 채광　　　　　　　　　　단면도[S=1:250]

외쪽지붕

'가스미 정의 아틀리에'
소재지: 히로시마 현
부지 면적: 132.12㎡
연면적: 67.46㎡　천장 높이: 2,100~3,715mm
설계: 구라시 설계실
사진: 사사쿠라 요헤이(사사노쿠라사)

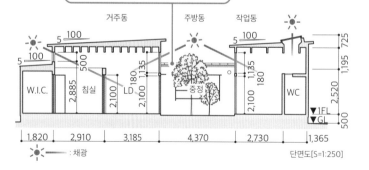

진입로에서 중정을 바라본 모습. 모르타르 마감을 한 통로 토방이 거주동과 작업동을 연결한다. 통로 토방에서 직접 작업동으로 들어갈 수 있다.

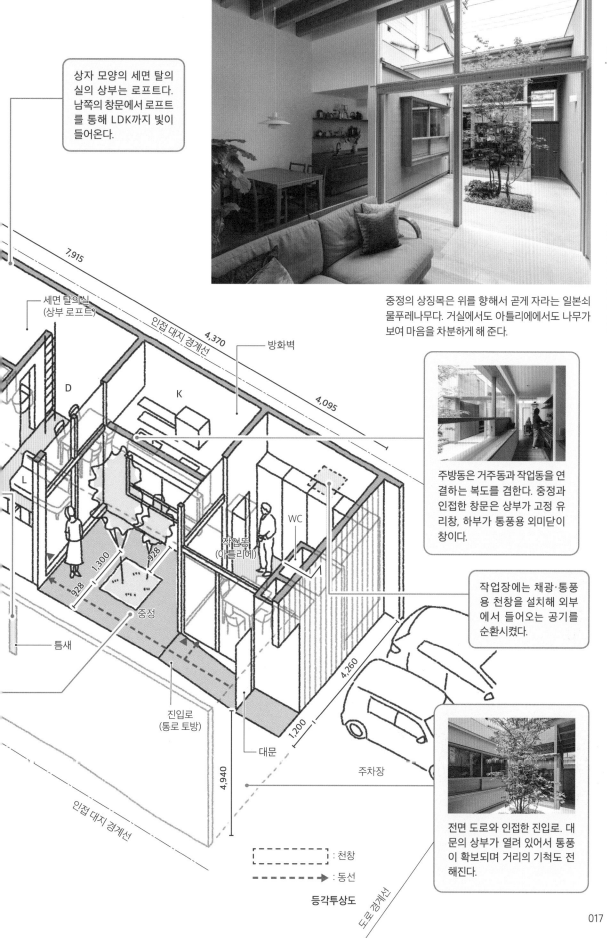

상자 모양의 세면 탈의 실의 상부는 로프트다. 남쪽의 창문에서 로프트 를 통해 LDK까지 빛이 들어온다.

7,915

세면 탈의실 (상부 로프트)

인접 대지 경계선

4,370

방화벽

D

K

4,095

L

중정의 상징목은 위를 향해서 곧게 자라는 일본쇠 물푸레나무다. 거실에서도 아틀리에에서도 나무가 보여 마음을 차분하게 해 준다.

주방동은 거주동과 작업동을 연 결하는 복도를 겸한다. 중정과 인접한 창문은 상부가 고정 유 리창, 하부가 통풍용 외미닫이 창이다.

WC

작업동 (아틀리에)

928 1,300 928

작업장에는 채광·통풍 용 천창을 설치해 외부 에서 들어오는 공기를 순환시켰다.

중정

틈새

4,260

진입로 (통로 토방)

1,200

대문

4,940

주차장

인접 대지 경계선

전면 도로와 인접한 진입로. 대 문의 상부가 열려 있어서 통풍 이 확보되며 거리의 기척도 전 해진다.

⌐ ¬
└ ┘ : 천창

- - - → : 동선

등각투상도

도로 경계선

도로와 마주한 긴 툇마루에서
커뮤니케이션을

과거에는 이웃사촌이라는 말이 있을 만큼 이웃들과 가깝게 지냈지만, 핵가족화와 저출산 고령화가 진행된 오늘날에는 그런 의식이 희박해지고 있다. 특히 두문불출하기 쉬운 독신 고령자의 경우, 지역 주민과의 관계를 지속하는 것이 매우 중요하다.

무게중심이 낮아서 주위에 심리적 압박감을 주지 않는 단층집은 거리 속에 녹아들기 쉬운 건물이다. 도로를 향해 개구부를 설치하고 부담 없이 출입할 수 있는 툇마루나 토방을 현관 앞쪽 처마 밑에 배치하면 길을 오가는 사람들과 커뮤니케이션을 하는 데 도움이 된다. 기회가 있을 때마다 인사를 하고 간단한 대화를 나누는 행위는 일상의 안도감으로 이어진다. 여기에서 소개하는 단층집은 처마 끝의 높이를 약 1,600mm로 낮추고 지붕 전체를 풀로 덮어서 이웃에 녹색 자연의 평온함을 제공했다.

물을 쓰는 방은 북쪽에 모아서 배치했다. 배리어프리를 의식해 모든 공간을 같은 바닥 높이로 연결했다.

침실·거실·식당·주방을 동서로 배열하고 하나의 복도로 연결한 심플한 방 배치

'어머니의 집'
소재지: 아이치 현 / 부지 면적: 151.93㎡
연면적: 61.28㎡ / 천장 높이: 1,590~3,070mm
설계: 워크 큐브
사진: 가와노 마사토(나카사 앤 파트너스)

외쪽지붕

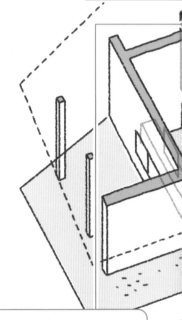

남쪽 외관. 풀로 덮인 지붕에는 녹화(綠化)를 위한 살수 설비가 있어서 증산 작용(기화열)으로 서늘해지는 효과도 얻을 수 있다. 존재감 넘치는 지붕이 도로를 지나가는 사람들의 흥미를 끌어, 주택 자체가 커뮤니케이션의 계기가 된다.

주방에서 식당·거실·복도를 바라본 모습. 복도의 막다른 벽에 유리창을 설치해 시선이 빠져나갈 곳과 채광을 확보했다.

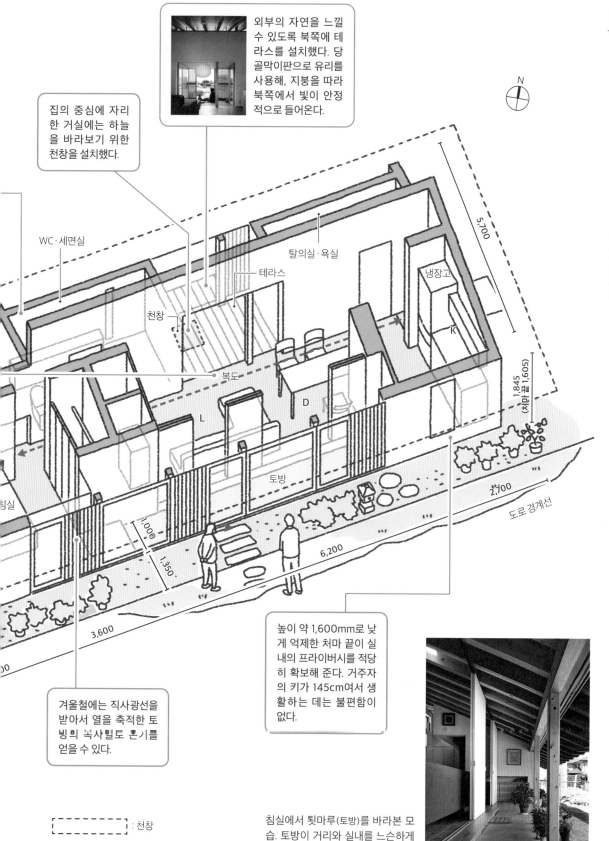

외부의 자연을 느낄 수 있도록 북쪽에 테라스를 설치했다. 당 골막이판으로 유리를 사용해, 지붕을 따라 북쪽에서 빛이 안정적으로 들어온다.

집의 중심에 자리한 거실에는 하늘을 바라보기 위한 천창을 설치했다.

N

WC·세면실

탈의실·욕실

냉장고

테라스

천창

K

복도

D

L

토방

5,700

1,845 (처마 끝 1,605)

2,700

도로 경계선

침실

1,000

1,350

6,200

3,600

높이 약 1,600mm로 낮게 억제한 처마 끝이 실내의 프라이버시를 적당히 확보해 준다. 거주자의 키가 145cm여서 생활하는 데는 불편함이 없다.

겨울철에는 직사광선을 받아서 열을 축적한 토방의 복사열도 온기를 얻을 수 있다.

- - - - - : 천창

- - - - ▶ : 동선

등각투상도

침실에서 툇마루(토방)를 바라본 모습. 토방이 거리와 실내를 느슨하게 연결하며, 토방 안쪽의 거실에는 천창을 통해 밝은 빛이 들어온다.

생활을 뒷받침하는
깊고 낮은 처마

단층집의 외관을 아름답게 만들기 위해 없어서는 안 되는 것이 깊고 낮은 처마다. 외벽을 빗물로부터 보호하고, 햇빛을 조절하는 역할도 하는 든든한 친구다. 처마 밑 공간은 현관 포치나 툇마루가 되어 줄 뿐만 아니라 의류·식재료·젖은 물건 등 다양한 것들을 말리기 위한 공간으로도 기능한다.

디자인상 처마 끝에 불필요한 선이 늘어나는 것을 싫어해서 가급적 처마 홈통을 설치하지 않으려는 설계자가 많다. 그러나 처마가 깊고 낮은 단층집이라면 지붕에서 직접 빗물이 떨어져도 외벽이 빗물에 잘 젖지 않아서 안심하고 살 수 있다.

부지에 여유가 있는 단층집이라면 대담하게 처마를 내서 아름다운 외관과 삶의 여유를 연출해 볼 것을 권한다.

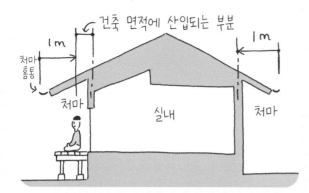

건축 면적에 산입되는 부분

1m · 1m

처마 홈통

처마 · 실내 · 처마

(POINT)

처마는 1미터 이상 내미는 것이 이상적

처마 길이가 1미터까지는 건축 면적에 산입되지 않지만, 1미터 이상일 경우는 처마 끝에서부터 1미터 후퇴한 선에 둘러싸인 부분이 건축 면적에 산입되므로 주의하자.

(POINT)

처마 끝의 높이는 2,500밀리미터 이하

일반적인 단층집의 최고 높이는 4,000 ~5,000밀리미터 정도다. 처마 끝이 이 높이의 절반보다 낮은 위치에 오면 외관의 균형이 안정된다.

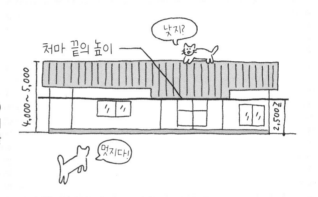

낮지?

처마 끝의 높이

$4,000 \sim 5,000$

$\leqq 2,500$

멋지다!

처마 홈통

처마 · 실내

빗물 튀김

자갈

(POINT)

단층집에는 처마 홈통을 설치하지 않는다

깊은 처마라면 처마 홈통을 설치하지 않아도 되는 경우도 많다(사람이 지나다니는 현관 주변에는 설치하는 편이 안심할 수 있다). 이 경우, 처마 끝 바로 아래에 빗물 튀김과 빗물 빠짐 대책을 잊지 말자!

(POINT)

깊은 처마를 만들 때는 구조에 주의한다

처마를 깊게 만들수록 바람의 상승이나 지붕 하중의 영향을 받기가 쉬워진다. 구조의 강화는 안전을 위해 반드시 필요한 포인트다.

하중 · 받침점 · 받침점

처마 · 실내

L' · $L_0 > L'$

바람의 상승

받침점 · 받침점

처마 · 실내

L' · $L_0 < L'$

내민 길이보다 걸침 길이가 짧으면 받침점을 고정하기가 매우 어려워진다.

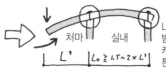

처마 · 실내

L' · $L_0 \geqq 1.5 \sim 2 \times L'$

$L_0 \geqq 1.5 \sim 2 \times L'$로 만든 다음, 받침점을 비틀림 고정쇠나 캐리지 볼트, 나사 등으로 튼튼하게 고정시킨다.

처마를 낮춤으로써 자연의 힘으로부터 건물을 보호한다

교외의 확 트인 부지에 짓는 단층집은 멋진 조망과 풍부한 빛 같은 자연의 혜택을 누릴 수 있지만, 반면에 실내로 들어오는 강한 직사광선이나 외벽을 때리는 재넘이(산에서 불어 내려오는 바람)와 빗물 등 자연의 위협도 받아낼 필요가 있다. 특히 단층집은 지붕면과 외벽면이 2층집보다 커지는 경우가 많아서 내구성을 철저히 고려하는 것이 좋다.

이 집의 경우, 처마 높이를 낮게 만들어(2,575밀리미터) 외벽의 면적을 줄였다. 또한 지붕을 단순한 박공지붕으로 만들고 처마를 깊게 내서(900밀리미터, 현관 포치 부분은 2,520밀리미터) 외벽의 열화를 완화시켰다.

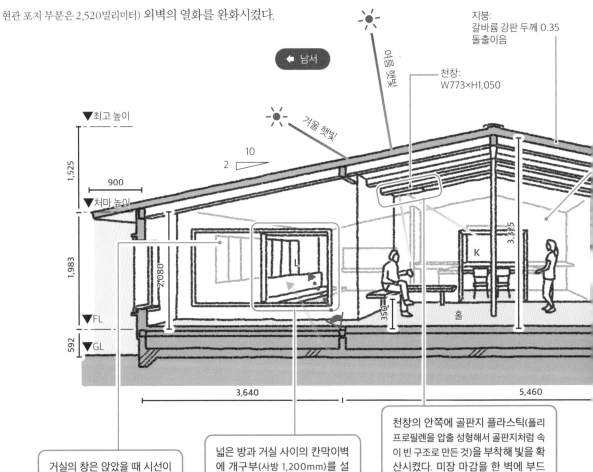

지붕:
갈바륨 강판 두께 0.35
돌출이음

천창:
W773×H1,050

← 남서

여름 햇빛

겨울 햇빛

▼최고 높이

1,525

900

10

2

▼처마 높이

1,983

2,080

L

K

3,325

350

홀

▼FL

592

▼GL

3,640

5,460

거실의 창은 앉았을 때 시선이 수평으로 빠져나갈 수 있도록 가로로 길게 배치했다.

넓은 방과 거실 사이의 칸막이벽에 개구부(사방 1,200mm)를 설치해 공기와 시선이 빠져나갈 수 있게 했다

천창의 안쪽에 골판지 플라스틱(폴리프로필렌을 압출 성형해서 골판지처럼 속이 빈 구조로 만든 것)을 부착해 빛을 확산시켰다. 미장 마감을 한 벽에 부드러운 빛이 닿아 미장의 소재감이 부각된다.

처마 높이를 2,575mm로 낮게 억제하고 처마를 900mm 내밀어서 비바람과 햇빛이 닿는 외벽 면을 최대한 줄였다. 처마 끝이 깔끔해 보이도록 의도적으로 처마 홈통을 설치하지 않았다.

북동 ➡

필요한 방을 바깥쪽에 배치하고 집 중앙부의 공간은 홀로 삼았다[소재는 143페이지 참조]. 천창 아래에 설치한 벤치는 둘러싸인 느낌을 주는 차분한 장소가 되었다.

현관 포치 부분은 처마를 2,520mm 내밀어서 처마 끝의 높이를 1,950mm 까지 낮췄다. 깊은 처마를 기둥으로 지탱하는 단순한 구조이며, 바닥에 자갈을 깔아서 빗물 튀김을 억제하는 동시에 처마 끝 바로 아래에 우수관을 설치해 빗물을 원활하게 배수한다.

자연의 풍경에 녹아들도록 목재 보호 도료를 사용해 외벽을 연한 먹색으로 칠했다. 소재는 외벽·처마 천장 모두 15mm 두께의 삼나무로 통일했다.

처마 천장: 삼나무 두께 15 위 목재 보호 도료

10
2

현관

2,080

CL

700

현관 포치

1,950

±150

3,640   1,820

☀ ━━━ : 채광

▶ : 통풍

◀ ········ ▶ : 시선

단면 투시도

현관에는 문을 열어 놓아도 벌레와 모래먼지 등이 침입할 걱정이 없도록 방충문을 달았다.

박공지붕

'고모노의 집'
소재지: 미에 현
부지 면적: 499.98㎡ / 연면적: 182.56㎡
천장 높이: 2,080~3,325mm
설계: 스기시타 히토시 건축 공방
사진: 스기시타 히토시 건축 공방

10미터의 긴 처마 밑 공간을 툇마루로

오키나와의 주택에서 힌트를 얻은 긴 처마 밑 공간. 깊고 낮은 처마가 무게중심이 낮은 균형 잡힌 외관을 연출한다. 게다가 여름의 햇빛을 차단해 주며, 처마 밑에 설치한 툇마루 덕분에 건물이 더욱 안정적으로 보인다.

실내와 실외를 연결하는 방법으로는 테라스와 툇마루가 일반적이다. 테라스의 경우 넓은 공간을 충분히 활용하려면 테이블과 의자가 필요한데, 테이블과 의자를 내놓고 치우거나 우드 덱을 관리하는 것이 번거롭게 느껴지는 사람도 있기 마련이다. 그런 사람에게는 지붕이 있고 간편하게 이용할 수 있는 툇마루를 추천한다.

'현대판 하이디의 집'
소재지: 도치기 현
부지 면적: 772.51㎡ / 연면적: 81.98㎡
천장 높이: 2,070~2,910mm
설계: 이다 료 건축 설계실×COMODO 건축 공방
사진: 이다 료 건축 설계실×COMODO 건축 공방

박공지붕

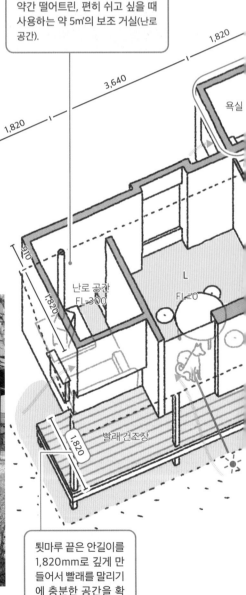

가족이 있는 거실·식당으로부터 약간 떨어트린, 편히 쉬고 싶을 때 사용하는 약 5㎡의 보조 거실(난로 공간).

욕실

난로 공간
FL-300

L
FL±0

빨래 건조장

툇마루 끝은 안길이를 1,820mm로 깊게 만들어서 빨래를 말리기에 충분한 공간을 확보했다.

앞 정원에서 건물을 바라본 모습. 처마를 1,490mm 내밀어서 툇마루 위를 확실히 덮었다.

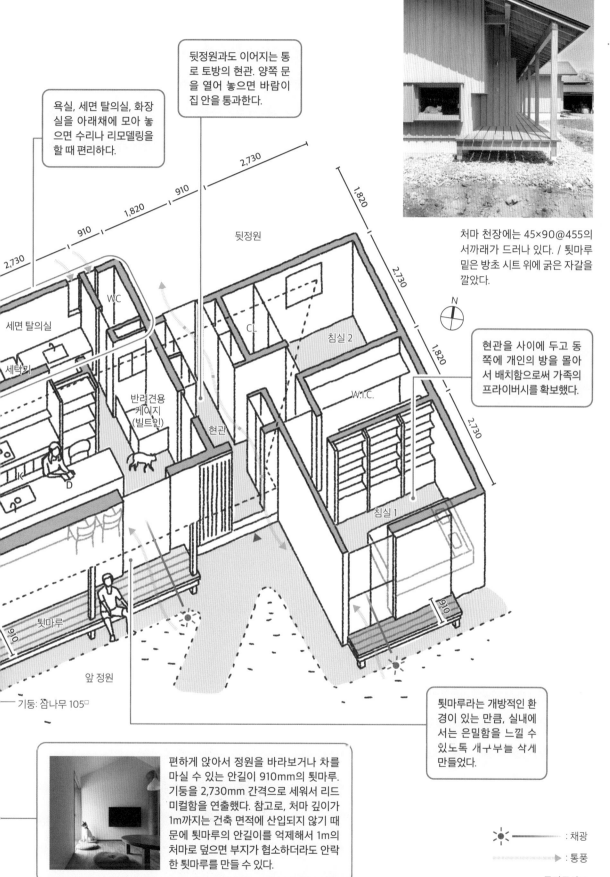

욕실, 세면 탈의실, 화장실을 아래채에 모아 놓으면 수리나 리모델링을 할 때 편리하다.

뒷정원과도 이어지는 통로 토방의 현관. 양쪽 문을 열어 놓으면 바람이 집 안을 통과한다.

처마 천장에는 45×90@455의 서까래가 드러나 있다. / 툇마루 밑은 방초 시트 위에 굵은 자갈을 깔았다.

현관을 사이에 두고 동쪽에 개인의 방을 몰아서 배치함으로써 가족의 프라이버시를 확보했다.

세면 탈의실

세탁기

반려견용 케이지 (빌트인)

현관

W.C

CL

침실 2

W.I.C.

침실 1

뒷정원

N

K

D

툇마루

910

앞 정원

기둥: 참나무 105□

2,730

910

1,820

910

2,730

2,730

1,820

1,820

2,730

910

툇마루라는 개방적인 환경이 있는 만큼, 실내에서는 은밀함을 느낄 수 있도록 개구부를 적게 만들었다.

편하게 앉아서 정원을 바라보거나 차를 마실 수 있는 안길이 910mm의 툇마루. 기둥을 2,730mm 간격으로 세워서 리드미컬함을 연출했다. 참고로, 처마 깊이가 1m까지는 건축 면적에 산입되지 않기 때문에 툇마루의 안길이를 억제해서 1m의 처마로 덮으면 부지가 협소하더라도 안락한 툇마루를 만들 수 있다.

☀ ━━━ : 채광

⇢ : 통풍

등각투상도

앞 정원에서 건물을 바라본 모습. 처마를 1,300mm 내밀어서 툇마루를 확실히 덮었다.

깊은 **처마**는 외부에서의 **시선을 차단**하는 역할도 한다

지면과의 거리가 가까운 단층집은 부지에 여유 공간이 부족하면 집 앞을 지나다니는 사람들과의 거리도 가까워지게 된다. 건물을 담장으로 둘러싸는 방법도 있지만, 이 집을 설계할 때는 집과 거리의 친화성을 높이자고 생각했다[105페이지 참조]. 그래서 방형지붕을 채용해 건물의 사방을 처마로 둘러쌈으로써 안정감을 주는 구조로 만들었다. 또한 바닥 높이를 1미터 높여 캔틸레버 슬래브로 만든 다음 처마 끝을 낮추고 외벽의 개구부를 낮게 설치했다. 격자나 발을 끼운 장지문, 나무 등으로 시선을 차단하는 흔한 방식을 사용하지 않고 처마와 바닥의 높이를 조절함으로써 프라이버시를 확보해 커튼이 필요 없는 생활을 실현한 단층집이다.

▼최고 높이

1,300

겨울 햇빛

▼FL

▼FL-700
▼GL

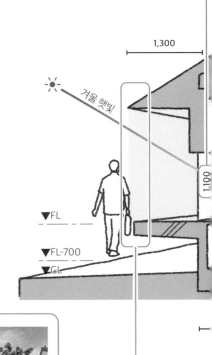

깊은 처마와 1m 높이의 캔틸레버 슬래브가 건물에 깊이를 만들어내 외부에서의 시선을 억제한다.

방형지붕

"가와라의 집"
소재지: 아이치 현
부지 면적: 228.13㎡ / 연면적: 90.25㎡
천장 높이: 2,000~5,281mm
설계: 핫토리 노부야스 건축 설계 사무소
사진: 핫토리 노부야스 건축 설계 사무소

높이 1,100mm의 지창을 통해 밖에서 봐도 안에서 봐도 무게중심이 낮은 프로포션이 되었다. 프리 스페이스의 바닥에 직접 앉으면 시선이 외부로 빠져나간다.

집의 중심에 식당·주방을 배치하고 벽면으로 둘러쌌다. 바닥의 높이를 700mm 낮춤으로써 움막 속에 있는 듯한 차분함이 만들어졌다. 여기에서도 지창을 통해서 시선이 빠져나간다.

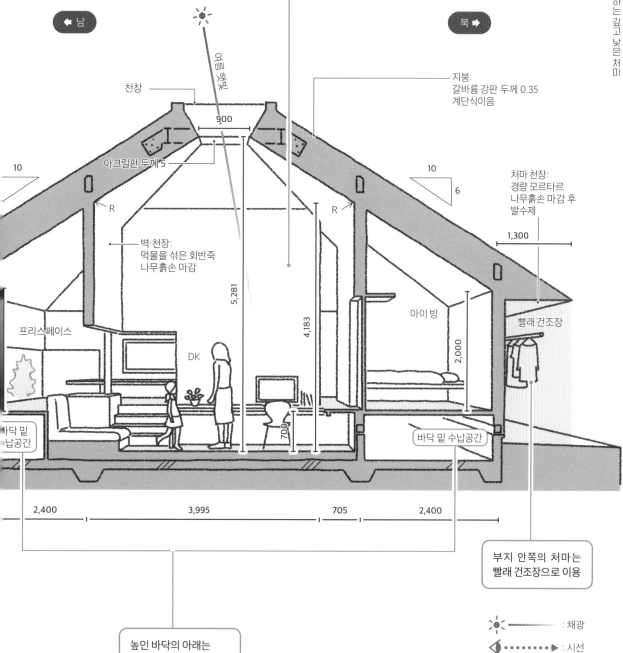

남

북

여름 햇빛

천창

900

아크릴판 두께 5

10

R

10

6

지붕:
갈바륨 강판 두께 0.35
계단식이음

처마 천장:
경량 모르타르
나무흙손 마감 후
발수제

1,300

벽·천장:
먹물을 섞은 회반죽
나무흙손 마감

5,281

4,183

아이 방

R

2,000

프리스페이스

DK

빨래 건조장

바닥 밑
수납공간

700

바닥 밑 수납공간

2,400 3,995 705 2,400

부지 안쪽의 처마는
빨래 건조장으로 이용

높인 바닥의 아래는
수납공간으로 이용한다.

: 채광

: 시선

단면 투시도

중간 크기의 창문을 통해서 빛과 바람을 얻는다

2층집에 비해 평면이 넓어지기 쉬운 단층집의 과제 중 하나는 건물의 중심부에 채광과 통풍을 확보하는 것이다. 최근에는 대형 소제창을 설치해 방 안쪽까지 빛이 들어오게 하기보다 중창이나 고창 등 중간 크기의 창문을 설치해서 창문을 통해 들어온 빛을 벽면에 부드럽게 반사시키는 방식이 늘고 있다. 단층집이라고 해도 채광층 지붕으로 만들면 1층의 고창을 더욱 높은 위치에 설치해 채광 효율을 높일 수 있다. 천창이라면 채광 효과를 더욱 높일 수 있지만, 이 경우는 강한 직사광선과 방수에 대한 대책을 충분히 세워야 한다.

창문의 크기를 줄이면 통풍에 불리해질 우려가 있는데, 중력 환기(온도차에 의한 환기) 등의 방법으로 바람의 흐름을 만들어낼 수 있다.

POINT

열린 토지에서는 실내를 닫는다

자연 속에서 일상생활을 할 경우, 집에는 개방감보다 안정감이 요구될 때가 많다. 개구부의 크기와 위치에 신경을 쓰자.

POINT

고창은 정면 폭 전체에 설치한다

지면과 가까운 창문의 크기를 줄이는 대신 건물의 정면 폭 전체에 고창을 설치하면 채광과 시선이 빠져나갈 곳을 확보할 수 있다. 벽은 빛이 음영을 동반하며 반사되는 미장 등으로 마감한다.

POINT

고창을 이용해서 중력 환기를 한다

다락 공간에 고창을 설치하면 중력 환기가 촉진된다. 환기에 사용하는 고창에는 체인형 자동 개폐기 등 사용하기 편한 개폐 방법을 채용하자.

POINT

천창을 설치할 때는 강한 직사광선에 주의한다

천창을 남쪽에 설치하면 지나치게 강한 빛이 들어올 수 있다. 그래서 거북함을 느끼거나 냉방의 부담이 커질 우려도 있기에 주의가 필요하다. [148페이지 참조]

방형지붕의 중심에 루프 발코니를

프라이버시를 지키기 위해 외벽의 개구부를 최소한 억제하는 대신, 지붕에 루프 발코니를 감싸듯이 고창을 설치한 단층집이다. 주택 중심부의 사방에 고창을 설치함으로써 집 안 어디에서나 하늘을 바라볼 수 있으며, 채광·통풍에도 크게 도움이 된다. 루프 발코니의 높이는 어른이 벤치를 놓고 그 위에 올라가면 들여다볼 수 있는 정도다.

부지와 인접한 곳에 학교가 있기 때문에 사시사철 즐길 수 있는 수목을 집 주위에 심어 공원 같은 개방적인 분위기를 만드는 한편, 건물은 적당히 폐쇄적으로 만들어 거주자의 프라이버시를 보호했다.

침실의 창문은 프라이버시 확보와 중력 환기를 촉진하기 위해 지창으로 만들었다.

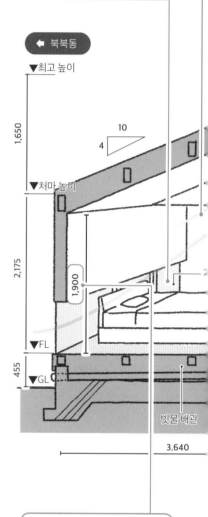

◀ 북북동

▼최고 높이

1,650

10
4

▼처마 높이

2,175

1,900

▼FL

455

▼GL

빗물 배관

3,640

벽 쪽의 천장 높이를 1,900mm로 낮게 억제함으로써 하늘(고창)을 향해 열리는 경사 천장의 높이·넓이를 강조했다.

고창에서 들어오는 풍부한 빛이 집 전체를 가득 채운다.

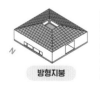

방형지붕

'오키노의 집'
소재지: 미야기 현
부지 면적: 658.13㎡ / 연면적: 109.31
천장 높이:1,900~3,330mm
설계: 기쿠치 요시하루 건축 설계 사무소
사진: 고제키 가쓰로

주택의 중앙부에 고창을 설치해 북쪽 방의 구석까지 빛이 들어오게 했다.

단면의 대각선상에 설치한 창문으로 중력 환기를 촉진한다. 이 미서기 고창은 걸쇠를 풀어 놓고 있으며, 열고 닫을 때는 사다리를 타고 올라간다.

남쪽은 다다미방을 910mm 후퇴시키고 처마를 설치해 직사광선을 조절했다. 처마 밑 공간은 다다미방의 연장선인 이너 테라스로 사용한다.

남남서 ➡

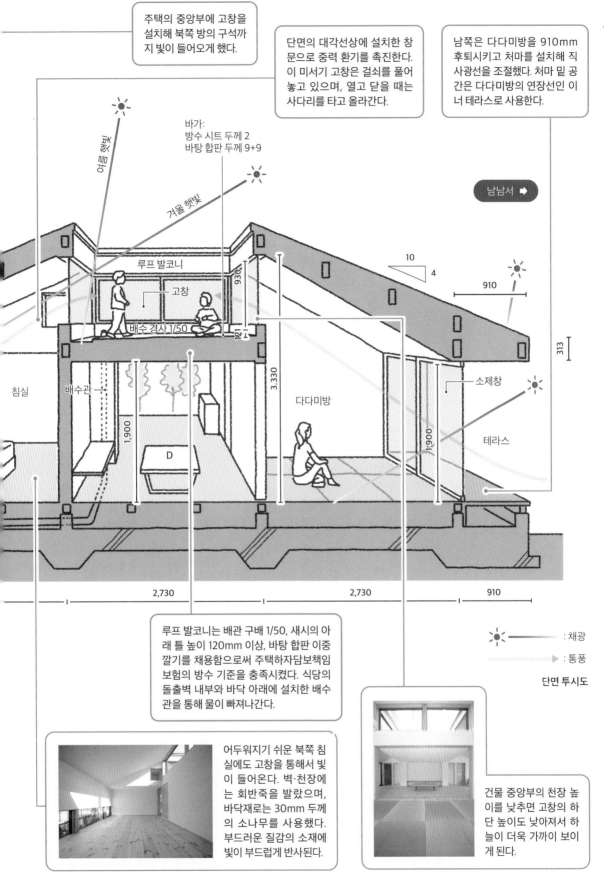

여름 햇빛

겨울 햇빛

바가:
방수 시트 두께 2
바탕 합판 두께 9+9

루프 발코니

고창

배수 경사 1/50

침실

배수관

D

10
4

910

930

121

313

3.330

1.900

1.900

다다미방

소제창

테라스

2,730

2,730

910

루프 발코니는 배관 구배 1/50, 새시의 아래 틀 높이 120mm 이상, 바탕 합판 이중깔기를 채용함으로써 주택하자담보책임보험의 방수 기준을 충족시켰다. 식당의 돌출벽 내부와 바닥 아래에 설치한 배수관을 통해 물이 빠져나간다.

☀ ━━ : 채광
➤ : 통풍

단면 투시도

어두워지기 쉬운 북쪽 침실에도 고창을 통해서 빛이 들어온다. 벽·천장에는 회반죽을 발랐으며, 바닥재로는 30mm 두께의 소나무를 사용했다. 부드러운 질감의 소재에 빛이 부드럽게 반사된다.

건물 중앙부의 천장 높이를 낮추면 고창의 하단 높이도 낮아져서 하늘이 더욱 가까이 보이게 된다.

LDK에서 중정을 바라본 모습. 중정으로 통하는 소제창의 측면 벽과 상부 벽을 없앰으로써 내벽과 외벽이 이어져 있는 것처럼 보이도록 만들었다. 외벽의 높이는 실내의 천장 높이와 같은 2,300mm다.

앞으로 내민 **외벽**과 **지붕의 틈새**로 빛을 끌어들인다

공간을 거실·식당·주방(LDK), 물 쓰는 곳, 침실, 아이 방이라는 4개의 그룹으로 나누고 각각의 그룹을 사각형의 '블록'으로 구성해 네 귀퉁이에 배치한 단층집이다. 각각의 블록은 외벽으로 둘러싸여 있어서 바깥에서 내부를 들여다볼 수가 없다.

각 블록의 내부에는 방과 일체화된 중정이 있으며 그 중정을 통해 주택 안으로 빛과 바람이 들어도록 설계되어 있다. 또한 블록과 블록 사이에 있는 틈새 공간은 내부에서 외부로 이어지는 중간적인 장소다.

용도에 맞춰 닫힌 공간과 열린 공간을 배치한 결과 특징 있는 공간이 탄생했다.

방형지붕

'야치요의 집'
소재지: 효고 현
부지 면적: 449.98㎡
연면적: 108.59㎡ / 천장 높이: 2,300mm
설계: 가와조에 준이치로 건축 설계 사무소
사진: 스털링 엘멘도르프

◀┄┄┄┄┄▶ : 시선

✳━━━━▶ : 채광

▥▥▥▥▥▥▶ : 통풍

평면 투시도

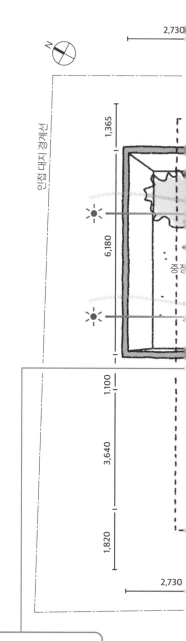

블록과 블록 사이에 생긴 틈새를 통해 바깥의 풍경을 즐길 수 있다.

아이 방과 인접한 중정의 외벽에는 바깥을 보면서 놀 수 있도록 작은 개구부를 설치했다.

침실 전용 중정. 외벽으로 둘러싸여 있어서 밤에도 창문을 열어놓은 채로 지낼 수 있다.

세면 탈의실·욕실에도 전용 중정이 있다. 밖에서는 안을 들여다볼 수 없지만, 지붕과 외벽의 틈새로 아침햇살이 들어온다.

부지는 산으로 둘러싸인 동네에 자리하고 있다. 실내에서의 조망보다 사생활을 중시해, 각 방에 외벽으로 둘러싸인 중정을 설치했다. 그리고 외벽을 처마 끝보다 더 튀어나오게 함으로써 빛과 바람이 들어오도록 만들었다.

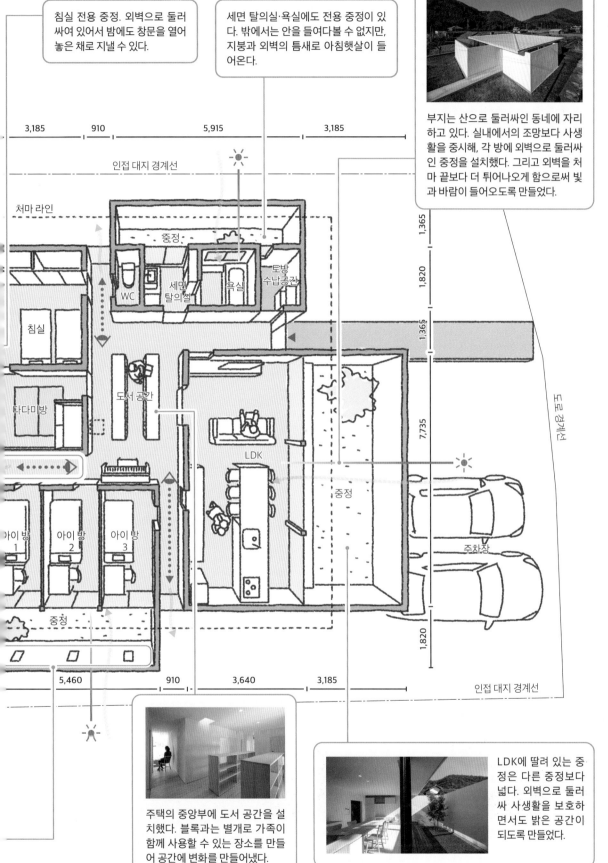

3,185 910 5,915 3,185

인접 대지 경계선

처마 라인

중정

WC 세면 탈의실 욕실 토방 수납공간

1,365

침실 1,820

도서 공간 1,365

다다미방

LDK 중정 7,735

아이 방 1 아이 방 2 아이 방 3

주차장

툇청

도로 경계선

1,820

5,460 910 3,640 3,185

인접 대지 경계선

주택의 중앙부에 도서 공간을 설치했다. 블록과는 별개로 가족이 함께 사용할 수 있는 장소를 만들어 공간에 변화를 만들어냈다.

LDK에 딸려 있는 중정은 다른 중정보다 넓다. 외벽으로 둘러싸 사생활을 보호하면서도 밝은 공간이 되도록 만들었다.

고창을 통해서 들어온 빛을 곡면 천장으로 확산시킨다

시가지에 단층집을 지을 계획일 때는 채광과 프라이버시를 양립시키는 것이 중요한 과제이다. 주변이 고층 아파트에 둘러싸인 이 단층집의 경우, 지붕의 형상을 비교적 자유롭게 결정할 수 있는 단층집의 이점을 활용해 채광층 지붕을 만들어 고창에서 채광을 확보했다. 또한 천장과 벽을 곡선으로 연결함으로써 빛이 부드럽게 퍼지도록 했다.

여기에 식재와 울타리로 가린 중정을 설치해 전면의 도로나 인근의 고층 아파트에서 들어오는 시선을 차단했다. 그 결과 작으면서도 중정과 하나가 되어 외부와의 연결감을 느낄 수 있는 밝은 집이되었다.

소제창과 고창의 고저차를 이용해, 창문을 열면 중력 환기 효과로 자연스럽게 바람의 흐름이 만들어지도록 설계했다.

◀ 북서

2,585

10
1

1,015R

벽·천장:
규조토 바름

3,115

다다

빌트인 소파

빌트인 소파의 하부는 서랍으로 만들어서 작은 집의 수납량을 확보했다.

2,585

채광층 지붕의 벽을 이용해 천장 높이가 3,115mm인 거실의 전면 벽면 전체에 고창을 설치했다(남쪽 벽면). 고층 아파트에서의 시선을 차단하는 동시에 어두워지기 쉬운 실내 안쪽까지 빛을 끌어들인다.

거실과 마찬가지로 다다미방에도 고창을 설치했다. 빛은 곡선으로 연결된 천장과 벽에 부딪혀 실내에 부드럽게 확산된다.

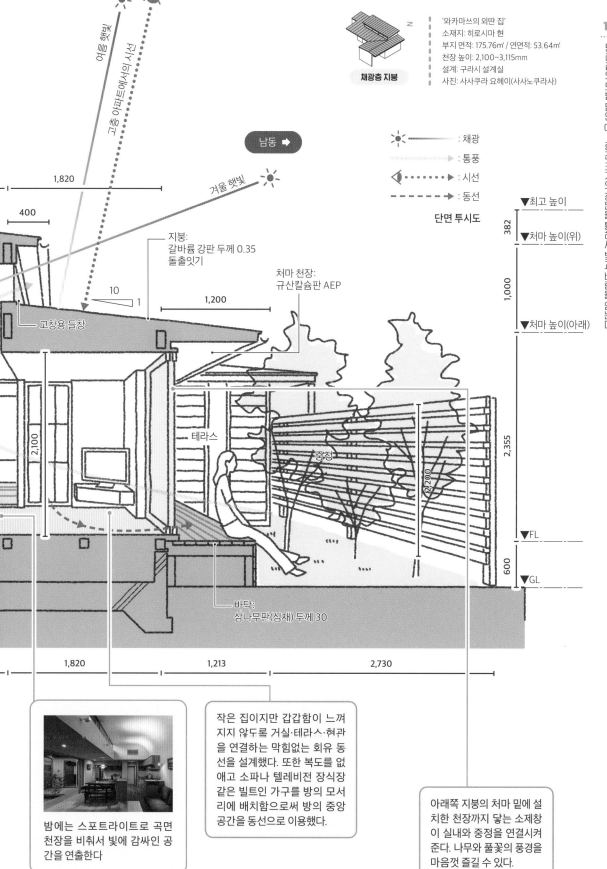

여름 햇빛

고층 아파트에서의 시선

1,820

400

겨울 햇빛

'와카마쓰의 외딴 집'
소재지: 히로시마 현
부지 면적: 175.76㎡ / 연면적: 53.64㎡
천장 높이: 2,100~3,115mm
설계: 구라시 설계실
사진: 사사쿠라 요헤이(사사노쿠라사)

채광층 지붕

남동 ➡

☀ ━━━ : 채광
〰〰〰➤ : 통풍
◁┈┈┈➤ : 시선
╌╌╌➤ : 동선

단면 투시도

▼최고 높이
382
▼처마 높이(위)
1,000
▼처마 높이(아래)

지붕:
갈바륨 강판 두께 0.35
돌출잇기

10 ― 1

고창용 들창

처마 천장:
규산칼슘판 AEP

1,200

테라스

중정

2,355

2,200

2,100

▼FL
600
▼GL

바닥:
삼나무판(심재) 두께 30

1,820

1,213

2,730

밤에는 스포트라이트로 곡면
천장을 비춰서 빛에 감싸인 공
간을 연출한다

작은 집이지만 갑갑함이 느껴
지지 않두록 거실·테라스·현관
을 연결하는 막힘없는 회유 동
선을 설계했다. 또한 복도를 없
애고 소파나 텔레비전 장식장
같은 빌트인 가구를 방의 모서
리에 배치함으로써 방의 중앙
공간을 동선으로 이용했다.

아래쪽 지붕의 처마 밑에 설
치한 천장까지 닿는 소제창
이 실내와 중정을 연결시켜
준다. 나무와 풀꽃의 풍경을
마음껏 즐길 수 있다.

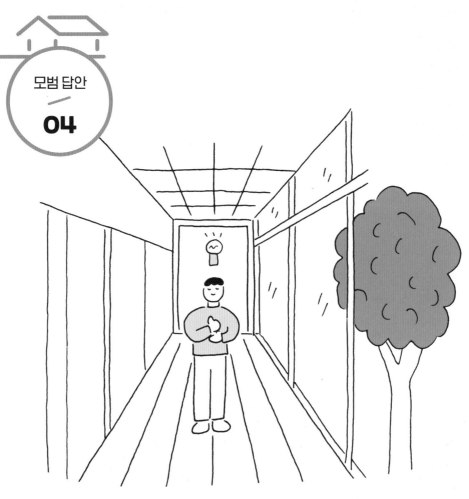

단층집의 곤란한 문제는 복도로 해결한다!

일반적으로 좁은 공간을 최대한 효율적으로 이용할 때는 복도를 설치하지 않는 것이 철칙이다. 그러나 단층집은 복도를 설치해서 해결할 수 있는 문제가 의외로 많다.

먼저 높낮이 차이가 없는 단층집은 공동의 공간과 개인의 공간을 단면으로 나눌 수 없기 때문에 복도를 완충 지대로 활용해 각각의 공간을 나누는 방법을 추천한다. 이 경우 복도를 집의 중앙에 배치하는 것이 좋다. 또한 복도 폭을 910밀리미터 이상 확보하고 서재나 워크인클로젯을 겸하게 하면 이동 공간 플러스알파의 역할을 부여할 수 있다. 단층집의 복도는 각 방에 빛을 전달하는 역할도 하기에 복도에 고창을 설치해 복도와 인접한 각 방의 고창을 통해 빛을 전달하면 주택 전체가 밝아진다.

(POINT)

복도로 느슨하게 공간을 나눈다

거실과 침실 사이에 복도를 끼워 넣으면 소음에 신경 쓰지 않고 지낼 수 있다. 화장실 등 물을 쓰는 공간도 거실을 기준으로 복도 건너편에 배치하자.

(POINT)

복도의 고창을 통해 빛을 끌어들인다

지붕이 큰 단층집은 중앙부가 어두워지기 쉽다. 중앙에 설치한 복도의 고창으로 빛을 끌어들이면 인접한 방의 천장 부근에 부드러운 빛이 들어온다.

(POINT)

복도를 방의 연장선상으로 삼는다

방과 복도 사이의 문은 미닫이문을 추천한다. 미닫이문을 열면 방과 복도가 연결되어 넓게 사용할 수 있다. 또한 복도에 수납공간을 마련하면 집안일을 하는 동선도 짧아진다.

(POINT)

널찍한 복도를 다목적으로 사용한다

복도 폭이 어느 정도 넓으면 공간을 낭비하지 않고 다목적으로 사용할 수 있다. 폭이 1,200밀리미터 이상인 복도라면 막다른 곳에 세면대를 둘 수 있다.

LDK의 모습. 세 방향의 중정에서 풍부한 양의 빛과 바람이 들어온다.

침실과 수납공간을 복도로 간결하게 연결하다

코트하우스는 도심지에 짓는 단층집으로 인기가 많은 주택 중 하나이지만, 이웃집의 위층에서 들여다보이는 주택 밀집 지역에서는 모든 방의 프라이버시를 확보하기 어렵다는 것이 아쉽다. 그럴 때는 가족의 개인실을 하나의 닫힌 공간에 몰아넣는 것도 한 가지 방법이다.

이 단층집의 경우 3개의 중정과 연결된 개방적인 거실·식당·주방을 집의 중앙에 두고, 침실은 남쪽의 닫힌 공간에 나란히 배치했다. 그러면서도 폐쇄적인 느낌이 들지 않도록 각 방과 일체적으로 사용할 수 있는 복도(폭 770밀리미터)로 전체를 연결했다.

또한 복도의 수납공간을 거실·식당·주방 쪽 벽면에 모아 놓음으로써 복도가 거실·식당·주방과 침실의 완충 지대로 기능하게 했다.

복도에서 개인실을 바라본 모습. 복도의 막다른 벽에 창문을 달아서 채광을 확보했다.

복도에 붙어 있는 수납공간에는 파이프행거를 설치했다. 빨래 건조장에서 말린 빨래를 행거에 건 채로 들여와 수납할 수 있다.

평지붕

'아카시의 집'
소재지: 효고 현
부지 면적: 172.81㎡ / 연면적: 81.07㎡
천장 높이: 2,150~2,300mm
설계: arbol+하스이케
사진: 시모무라 야스노리

현관과 인접한 북쪽의 '텃밭'에서는 과일을 키우고 있다. 주방도 가까워서 과일을 수확해 조리할 때도 편리하다.

남쪽에는 사적 공간인 침실과 물 쓰는 곳을 몰아서 배치하고, 탈의실 옆에 '생활 정원(빨래 건조장)'을 설치했다. 빨래를 한다→말린다→걷는다를 남쪽에서 완결할 수 있는 편리한 방 배치다.

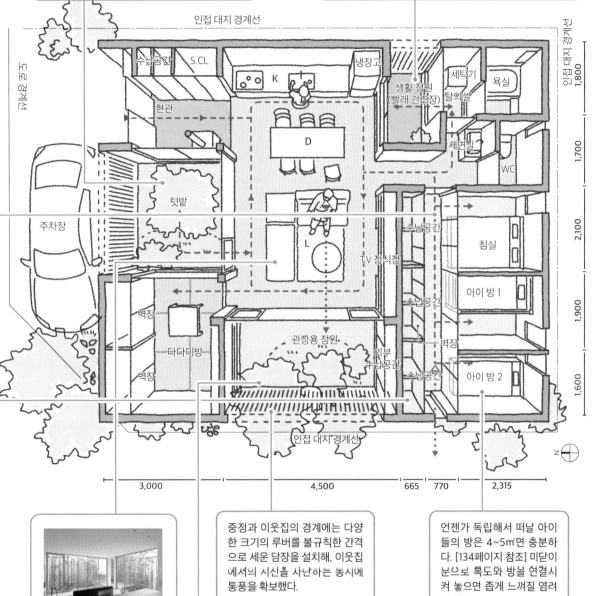

인접 대지 경계선

인접 대지 경계선

도로 경계선

수납공간　S.CL　　냉장고
현관　　　　K
텃밭
주차장
D
생활 정원 (빨래 건조장)　탈의실　세탁기　욕실
세면실
WC
L
TV 장식장
수납공간　침실
벽장
다다미방
관상용 정원
외부 수납공간　수납공간　벽장
벽장
아이 방 1
아이 방 2

1,800　1,700　2,100　1,900　1,600

3,000　　4,500　　665　770　　2,315

3개의 중정과 이어진 LDK는 실제 면적 이상으로 넓게 느껴진다.

중정과 이웃집의 경계에는 다양한 크기의 루버를 불규칙한 간격으로 세운 담장을 설치해, 이웃집에서의 시선을 차단하는 동시에 통풍을 확보했다.

거실의 서쪽에는 '관상용 정원'을 배치했다. 거실에서 쉬면서 계절에 따라 변화하는 작은 자연을 즐길 수 있다.

언젠가 독립해서 떠날 아이들의 방은 4~5㎡면 충분하다. [134페이지 참조] 미닫이 문으로 복도와 방을 연결시켜 놓으면 좁게 느껴질 염려도 없다.

- - - - ▶ : 동선

◀ ‥‥‥ ▶ : 시선

평면 투시도

작게 만들어서
넓게 산다

단층집이라고 하면 천혜의 조건을 갖춘 넓은 부지를 마음껏 활용해서 지은 집이라는 이미지가 있을지 모른다. 그러나 최근에는 집안일을 빠르게 처리할 수 있고 가족 간의 커뮤니케이션이 쉽다는 등의 이점을 감안해 부지 면적상 더 크게 지을 수 있어도 일부러 작은 단층집을 짓는 경우도 많다.

작은 단층집의 경우, 가급적 복도를 만들지 않고 방과 방을 직접 오갈 수 있도록 만들면 공간을 낭비하지 않을 수 있다. 또한 거실 등에 커다란 소제창이나 테라스를 설치해 내부와 외부를 시각적으로 연결하고 거실·식당·주방을 통합해 커다란 공간으로 만들어 작은 집에서도 개방감을 느낄 수 있도록 하면 좋다.

(POINT)

부지를 건물로 가득 채우지 않는다

필요한 공간만 콤팩트하게 모으면 불필요한 공간이 생기지 않기 때문에 청소나 관리가 편해진다. 넓은 정원을 즐길 수도 있다.

(POINT)

시선이 빠져나갈 곳을 만든다

방의 대각선상에 개구부를 설치하거나 벽의 상부에 개구부를 만들어 옆 공간과 연결하는 등, 시선이 먼 곳까지 빠져나갈 수 있게 해서 개방감이 느껴지는 공간을 만들자.

(POINT)

바닥부터 천장 근처까지 닿는 커다란 개구부를 설치한다

정원이나 경치가 좋은 방향을 향해 천장 근처까지 닿는 커다란 개구부를 설치하면 실내와 실외의 경계가 모호해져서 시각적으로 넓게 느껴지도록 만들 수 있다.

(POINT)

복도를 만들지 않는다

복도를 만들지 않고 거실·식당·주방에서 각각의 방이나 화장실, 세면 탈의실 등으로 직접 이동할 수 있도록 설계하면 동선이 짧아지고 집안일도 편해진다.

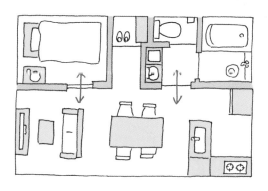

부지에
여백을 남긴다

주택은 희망 조건을 충족시키는 최소한의 넓이만 되더라도 충분하다. 이 단층집의 경우, 부지는 240제곱미터가 넘었지만 건물의 바닥 면적은 생활에 불편함이 없는 수준이면 충분하다는 생각에 110제곱미터 정도의 콤팩트한 단층집으로 만들었다. 건물은 30도 꺾인 시옷자 모양으로, 안쪽의 여백 부분을 정원으로 만들고 그 정원을 감싸듯이 거실·식당을 배치했다. 그 결과 정원과 가까워지고 시선이 멀리까지 빠져나감으로써 개방감 있는 공간이 되었다. 또한 복도를 최소한으로 설치해 공간의 낭비를 배제하는 동시에 동선이 간결해지도록 만들었다.

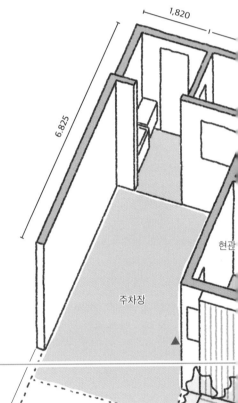

1,820

6,825

현관

주차장

충분히 넓게 느껴지는 거실·식당

경사 천장에 노출 서까래를 사용함으로써 시선이 자연스럽게 정원으로 향하도록 설계했다. 지붕이 시옷자 형태로 꺾여 있는 부분에서는 서까래의 배치 리듬에 변화가 생겨 눈을 즐겁게 해 준다.

도로 경계선

도로 경계선

외부로 시선이 빠져나갈 수 있도록 정원에 담장을 설치하지 않았다. 부지 앞면에 도로가 있지만, 건물과의 사이에 정원과 자동차를 주차할 수 있는 넓은 진입로가 있어서 외부의 시선을 의식하지 않을 수 있다.

박공지붕

'롤캐비지의 집'
소재지: 도치기 현
부지 면적: 241.36㎡ / 연면적: 109.50㎡
천장 높이: 2,300~3,328mm
설계: 이다 료 건축 설계실×COMODO 건축 공방
사진: 이다 료 건축 설계실×COMODO 건축 공방

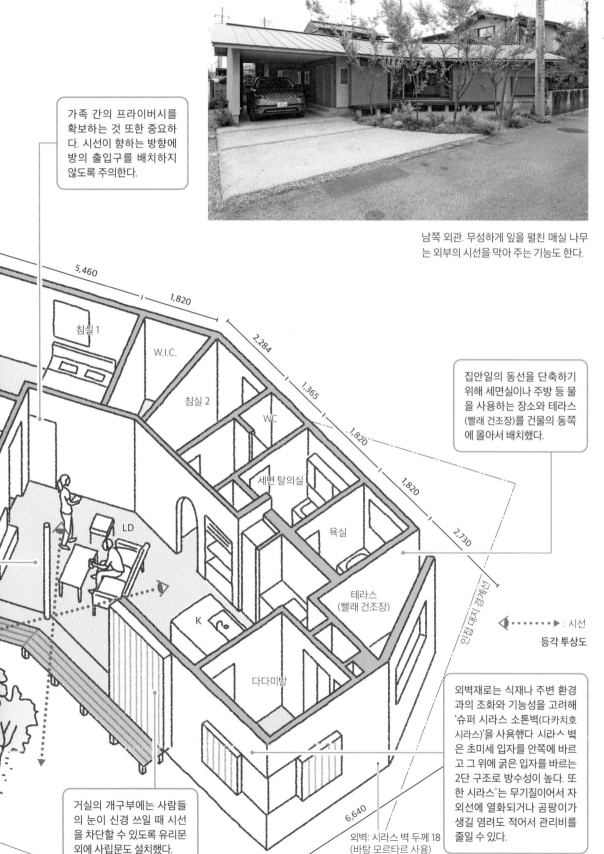

남쪽 외관. 무성하게 잎을 펼친 매실 나무는 외부의 시선을 막아 주는 기능도 한다.

가족 간의 프라이버시를 확보하는 것 또한 중요하다. 시선이 향하는 방향에 방의 출입구를 배치하지 않도록 주의한다.

집안일의 동선을 단축하기 위해 세면실이나 주방 등 물을 사용하는 장소와 테라스(빨래 건조장)를 건물의 동쪽에 몰아서 배치했다.

외벽재로는 식재나 주변 환경과의 조화와 기능성을 고려해 '슈퍼 시라스 소톤벽(다카치호 시라스)'을 사용했다 시라스 벽은 초미세 입자를 안쪽에 바르고 그 위에 굵은 입자를 바르는 2단 구조로 방수성이 높다. 또한 시라스®는 무기질이어서 자외선에 열화되거나 곰팡이가 생길 염려도 적어서 관리비를 줄일 수 있다.

거실의 개구부에는 사람들의 눈이 신경 쓰일 때 시선을 차단할 수 있도록 유리문 외에 사립문도 설치했다.

침실 1

W.I.C.

침실 2

WC

세면 탈의실

욕실

테라스 (빨래 건조장)

LD

K

다다미방

인접지 경계선

◀┈┈┈▶ : 시선

등각 투상도

5,460

1,820

2,284

1,365

1,820

1,820

2,730

6,640

외벽: 시라스 벽 두께 18 (바탕 모르타르 사용)

• 시라스: 일본 규슈 남부 지역에 분포하는 고운 입자의 경석과 화산재

2×4 공법을 활용한다

실내 공간을 조금이라도 넓게 확보하고 싶다면 재래식 공법인 축조구법 대신 벽의 두께가 얇아지는 2×4 공법을 활용하는 방법도 있다. 9밀리미터 두께의 구조용 합판을 사용할 경우 재래식 공법의 벽 배율(내력벽의 강도)이 2.5인 데 비해 2×4 공법은 3.0이어서 넓은 공간에서도 내력을 확보하기 쉽다는 점이 매력적이다.

2×4 공법의 경우 정해진 구조에 맞춰서 설계하면 강도를 확보할 수 있지만, 직접 구조 계산을 하면 더 큰 내력벽선 구획이나 대형 개구부도 실현할 수 있다. 대형 개구부를 설치한다면 멀리까지 내다볼 수 있도록 배치하고, 실내에서 어떻게 보일지 의식하면서 외관 계획을 세우는 것이 포인트다. 이 단층집의 경우 테라스 쪽에 높이 2미터의 소제창을 설치하고 그 앞에 나무를 심었다. 나무 그림자가 실내에 드리워지면서 안팎의 경계가 모호해져 실외로 의식이 향하도록 만드는 장치다.

외쪽지붕

'가미아가와의 집'
소재지: 아이치 현
부지 면적: 486.47㎡ / 연면적: 79.49㎡
천장 높이: 2,200~2,845mm
설계: 니시시타 다이치 건축 설계실
사진: 후지무라 다이이치

낮은 지붕의 아름다운 외관. 장작 난로의 굴뚝도 귀엽다.

옆문을 기점으로 주방, 세면 탈의실, 욕실을 나란히 배치해 집안일 동선(부동선)을 일직선으로 구성했다. 현관을 기점으로 하는 생활 동선(주동선)과 부동선은 교차하지 않도록 분리되어 있다. 부동선의 존재는 집안일의 부담도 줄여 준다.

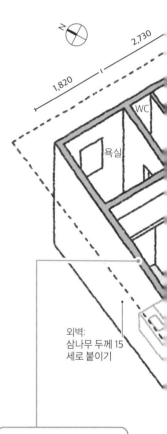

외벽:
삼나무 두께 15
세로 붙이기

축조구법의 골조 두께는 105~120mm가 주류다. 한편 2×4 공법의 경우는 89mm이기에 내부 공간을 더 넓게 확보할 수 있다. 또한 기성품 패널을 반입해서 조립하기 때문에 현장의 공기를 단축할 수 있다는 점, 비교적 저렴한 규격재를 이용함으로써 비용을 억제할 수 있다는 점도 2×4 공법의 이점이다.

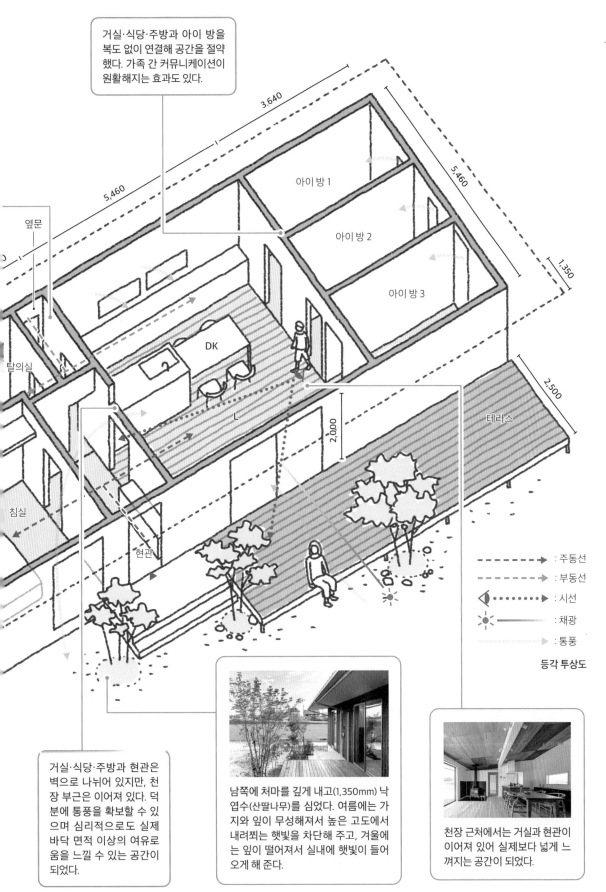

거실·식당·주방과 아이 방을 복도 없이 연결해 공간을 절약했다. 가족 간 커뮤니케이션이 원활해지는 효과도 있다.

3.640

5.460

5.460

1.350

옆문

아이 방 1

아이 방 2

아이 방 3

탈의실

DK

2.000

테라스

2.500

침실

L

현관

→ : 주동선

→ : 부동선

◁ : 시선

☀ : 채광

▷ : 통풍

등각 투상도

거실·식당·주방과 현관은 벽으로 나뉘어 있지만, 천장 부근은 이어져 있다. 덕분에 통풍을 확보할 수 있으며 심리적으로도 실제 바닥 면적 이상의 여유로움을 느낄 수 있는 공간이 되었다.

남쪽에 처마를 깊게 내고(1,350mm) 낙엽수(산딸나무)를 심었다. 여름에는 가지와 잎이 무성해져서 높은 고도에서 내려쬐는 햇빛을 차단해 주고, 겨울에는 잎이 떨어져서 실내에 햇빛이 들어오게 해 준다.

천장 근처에서는 거실과 현관이 이어져 있어 실제보다 넓게 느껴지는 공간이 되었다.

식당에서 거실과 난로 토방을 바라본 모습(덱 테라스 시공 전). 외부와 연결된 것을 의식할 수 있도록 원목판 토방과 목재 새시의 소제창 등 자연 소재를 많이 사용했다.

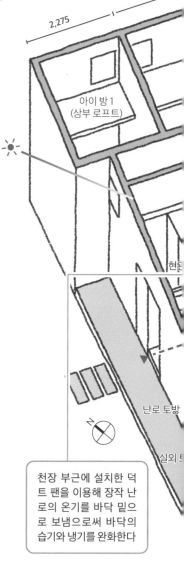

2,275

아이 방 1
(상부 로프트)

난로 토방

실외

천장 부근에 설치한 덕트 팬을 이용해 장작 난로의 온기를 바닥 밑으로 보냄으로써 바닥의 습기와 냉기를 완화한다

현관과 정원으로 이어지는 한쪽 구석의 바닥을 장작 난로용 콘크리트 토방으로 만들었다. 장작을 쉽게 반입할 수 있으며 청소하기도 편하다. 또한 난로의 열을 모아서 실온을 안정적으로 유지시키는 효과도 있다

거실을 **토방**으로 만들어 정원과 연결한다

부지는 넓지만 언덕이 인접해 있었던 단층집이다. 조례에 따라 건물을 언덕으로부터 언덕 높이의 2배만큼 떨어트려야 했는데, 이 조건을 충족시키면서도 심플한 형상으로 설계해 각 공간에 필요한 크기를 확보했다.

단층집에서는 바닥과 지면을 얼마나 가까이 붙이느냐가 중요하다. 그래서 거실·식당·주방의 바닥 높이를 250밀리미터 낮추고 나무판 토방으로 만들어서 현관 토방부터 난로용 토방, 거실·식당·주방까지의 바닥을 평평하게 일치시켰다. 또한 실내 바닥과의 높이 차이가 140밀리미터인 실외 토방과 덱 테라스를 설치해 실내와 실외를 오가기 쉽게 만들어서 물리적으로는 물론 심리적으로도 최대한 지면과 가깝게 접근시켰다.

외쪽지붕

'지가사키의 집'
소재지: 가나가와 현
부지 면적: 616.36㎡
연면적: 94.40㎡(다락: 4.97㎡)
천장 높이: 2,110~3,435mm
설계: 기기 설계실
사진: 기기 설계실

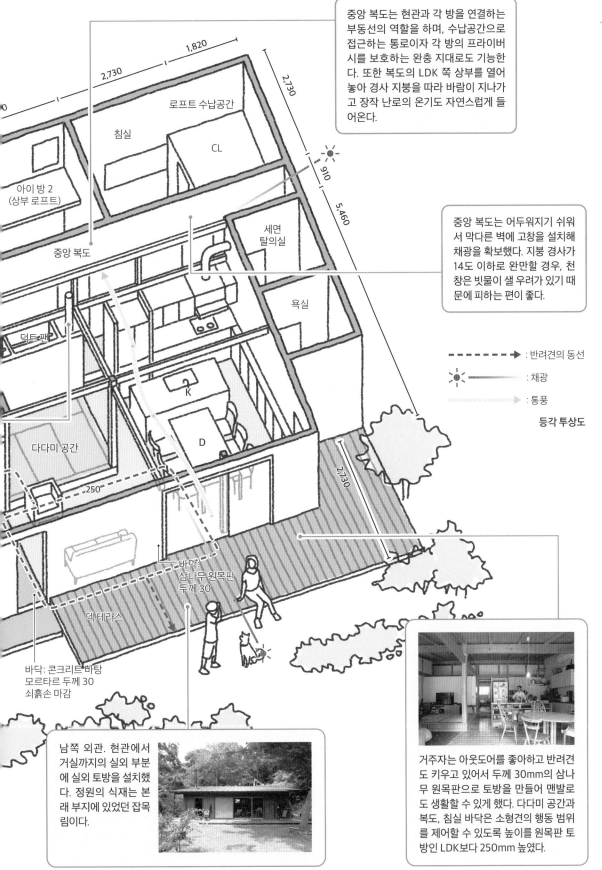

중앙 복도는 현관과 각 방을 연결하는 부동선의 역할을 하며, 수납공간으로 접근하는 통로이자 각 방의 프라이버시를 보호하는 완충 지대로도 기능한다. 또한 복도의 LDK 쪽 상부를 열어 놓아 경사 지붕을 따라 바람이 지나가고 장작 난로의 온기도 자연스럽게 들어온다.

중앙 복도는 어두워지기 쉬워서 막다른 벽에 고창을 설치해 채광을 확보했다. 지붕 경사가 14도 이하로 완만할 경우, 천창은 빗물이 샐 우려가 있기 때문에 피하는 편이 좋다.

로프트 수납공간
침실
CL
아이 방 2 (상부 로프트)
중앙 복도
세면 탈의실
욕실
덕트팬
다다미 공간
K
D
L
덱 테라스
바닥: 삼나무 원목판 두께 30
바닥: 콘크리트 바탕 모르타르 두께 30 쇠흙손 마감

1,820 · 2,730 · 2,730 · 910 · 5,460 · 2,730 · 250

- - - ▶ : 반려견의 동선
☀ ― : 채광
⟶ : 통풍

등각 투상도

남쪽 외관. 현관에서 거실까지의 실외 부분에 실외 토방을 설치했다. 정원의 식재는 본래 부지에 있었던 잡목림이다.

거주자는 아웃도어를 좋아하고 반려견도 키우고 있어서 두께 30mm의 삼나무 원목판으로 토방을 만들어 맨발로도 생활할 수 있게 했다. 다다미 공간과 복도, 침실 바닥은 소형견의 행동 범위를 제어할 수 있도록 높이를 원목판 토방인 LDK보다 250mm 높였다.

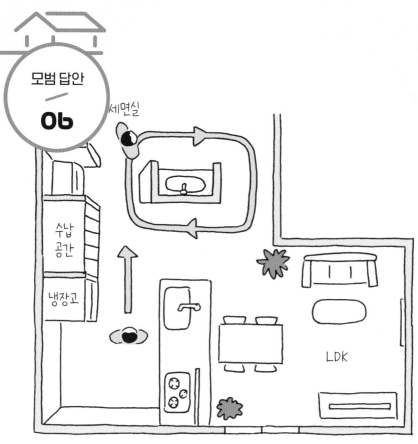

세면실

수납
공간

냉장고

LDK

회유 동선이냐 직선 동선이냐에 따라 계획이 달라진다

단층집을 설계할 때 검토해야 할 동선은 '계단이 없다는 점을 살린 회유 동선' 혹은 '단층집 특유의 긴 복도를 중심축으로 삼은 직선 동선'의 2가지다.

회유 동선은 어떤 방을 중심에 두느냐가 중요하다. 집안일의 편의성을 중시한다면 주방을 중심으로 삼는 것이 가장 좋다. 그렇게 하면 현관이나 팬트리에서 주방으로 접근하기가 쉬워져 집안일 동선이 짧아진다. 또한 중정을 집의 중심으로 삼으면 채광 문제를 해결할 수 있다.

복도를 이용한 직선 동선은 공동의 공간과 개인의 공간을 나누는 경계선도 되기에 폭을 넓게 확보한다. 또한 막다른 벽에 창문을 설치해 시선이 외부로 빠져나갈 수 있게 하면 갑갑함을 완화하고 넓은 느낌을 줄 수 있다.

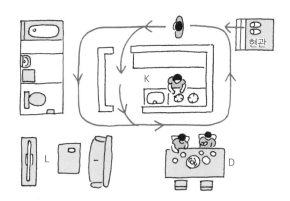

주방 중심의 회유 동선

주방을 중심으로 한 회유 동선. 여기에 현관에서 주방으로 직접 접근할 수 있게 하면 장을 봐 온 물건을 주방으로 반입하기 위한 부동선도 확보할 수 있다.

중정 중심의 회유 동선

중정을 중심으로 한 회유 동선. 중정을 빨래 건조장으로 사용하면 빨래를 한 다음 널고, 걷어서, 수납하는 작업을 회유 동선에서 완결할 수 있다.

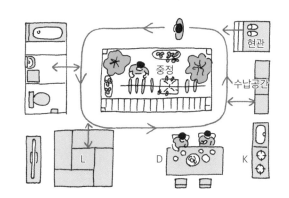

복도 겸 서재

직선 동선을 도서 코너로

중앙 복도를 설치하고 도서 코너로 활용한다. 폭을 조금 넓게 확보하고 의자를 놓으면 제2의 거실처럼 이용할 수 있다.

통로형 토방을 직선 동선에 포함시킨다

현관 토방을 LDK와 인접한 장소까지 연장하면 유모차나 자전거를 실내에 들여 놓을 수 있어 장보기가 편해지며 집안일 동선을 효율화할 수 있다.

통로형 토방

거실에서 주방을 바라본 모습. 거실·식당의 천장을 시옷 자 형태로 만듦으로서 천장 높이(2,290~2,900mm)가 억제되어 콤팩트하고 차분한 공간이 되었다.

공동의 공간과 개인의 공간을 나누는 **회유 동선**

단층집의 거주성은 공동의 공간과 개인의 공간을 얼마나 잘 분리시킬 수 있느냐에 따라 결정된다. 이 단층집은 현관에서 거실·식당으로 직접 들어가는 주동선과 복도 2를 경유해서 침실로 향하는 부동선을 만들어서 공동의 공간과 개인의 공간을 분리시켰다.

집안일의 효율을 높이기 위해 주방을 중심으로 회유할 수 있도록 방을 배치했다. 주방은 독립시켰지만 칸막이벽에 내창을 설치해 식당과 연결되어 있는 느낌을 만들어내는 동시에 통풍도 확보했다. 또한 주차장 쪽에 옆문을 설치했다. 날씨에 신경 쓰지 않고 장을 봐 온 물건을 복도 1에 있는 수납공간이나 주방에 최단 동선으로 운반할 수 있다.

개구부를 가득 채운 창문에서 빛이 풍부하게 들어온다.

거실과 식당은 남북으로 약 10m에 이르는 넓은 공간으로 만들었다. 남쪽에 설치한 소제창을 통해 시선이 외부로 빠져나가기 때문에 공간이 더욱 넓게 느껴진다.

박공지붕+달개집

'가와니시다이의 집'
소재지: 효고 현
부지 면적: 263.34㎡
연면적: 98.96㎡(다락: 5.80㎡)
천장 높이: 2,200~2,900mm
설계: 가와조에 준이치로 건축 설계 사무소
사진: 도미타 에이지

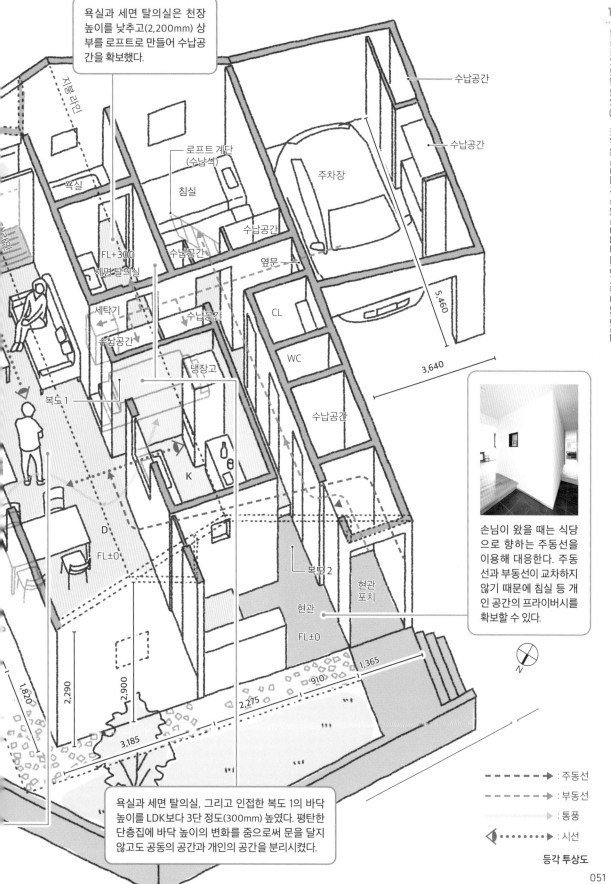

욕실과 세면 탈의실은 천장 높이를 낮추고(2,200mm) 상부를 로프트로 만들어 수납공간을 확보했다.

수납공간

수납공간

지붕 라인

로프트 계단
(수납석)

욕실

침실

주차장

FL+300

세면 탈의실

수납공간

옆문

세탁기

수납공간

복층공간

냉장고

CL

WC

복도 1

수납공간

K

D

FL±0

복도 2

현관
포치

현관

FL±0

5,460

3,640

손님이 왔을 때는 식당으로 향하는 주동선을 이용해 대응한다. 주동선과 부동선이 교차하지 않기 때문에 침실 등 개인 공간의 프라이버시를 확보할 수 있다.

N

1,365

910

2,275

1,820

2,290

2,900

3,185

욕실과 세면 탈의실, 그리고 인접한 복도 1의 바닥 높이를 LDK보다 3단 정도(300mm) 높였다. 평탄한 단층집에 바닥 높이의 변화를 줌으로써 문을 달지 않고도 공동의 공간과 개인의 공간을 분리시켰다.

- - - - ▶ : 주동선

- - - - ▶ : 부동선

·········▶ : 통풍

◀·······▶ : 시선

등각 투상도

동선 상에 13미터의 벽면 수납공간을 설치하다

단층집 특유의 넓은 공간을 활용해 긴 직선 벽면을 만들고 수납공간을 설치하면 효율적으로 정리할 수 있는 집과 동선을 만들 수 있다. 이 단층집은 동서로 길쭉한 집의 중심에 각 방에서 쉽게 접근할 수 있는 약 13미터의 벽면 수납공간을 설치했다. 수납공간을 벽면에 만들어놓으면 일일이 방에 들어가지 않고도 정리가 가능해서 집안일이 편해진다. 벽면 수납공간은 현관 부근의 경우 신발장, 주방 근처의 경우 팬트리나 식기장으로 사용한다. 또한 거실 부근의 한쪽 구석에 빌트인 책상을 설치해 컴퓨터 작업을 할 수 있는 PC 코너로 만들었다.

건물의 외관. 식당 외벽은 바깥을 향해 열듯이 비스듬하게 배치해 공간에 움직임을 만들어냈다.

박공+외쪽지붕

'이누야마의 주택'
소재지: 아이치 현
부지 면적: 498.50㎡ / 연면적: 100.15㎡
천장 높이: 2,100~3,925mm
설계: hm+architects
사진: 오가와 시게오

현관과 취미실은 토방으로 만들었다. 다소 지저분한 물건도 부담 없이 들여올 수 있어 부부의 취미인 자전거를 관리하는 장소로도 활용하고 있다.

집 전체에 토양 축열식 복사 바닥 난방(서마 슬래브)을 부설했다. 혹한기에도 히트 쇼크(열충격)를 일으킬 우려 없이 토방이나 욕실을 쾌적하게 이용할 수 있다.

폭이 약 930mm인 복도에 설치한 수납장의 한구석을 책상으로 만들었다. LDK와 가까워 집안일을 하는 틈틈이 컴퓨터 작업 등을 할 수 있는 PC 코너로 활용하고 있다.

주방 뒷면 벽에는 그림을 장식해 갤러리로 이용할 수 있다(사진: hm+architects).

식당·주방에서 현관·취미실을 바라본 모습. 천장을 지붕과 똑같은 기울기로 만들고 처마도 내서 개방적이지만 지붕에 덮여 있는 안심감을 연출했다.

복도의 양 끝에 테라스 도어를 설치해 통풍과 동시에 시선이 빠져나갈 수 있게 했다. 막다른 곳에서 각 방으로 들어갈 수 있어서 막힌 느낌이 들지 않는다.

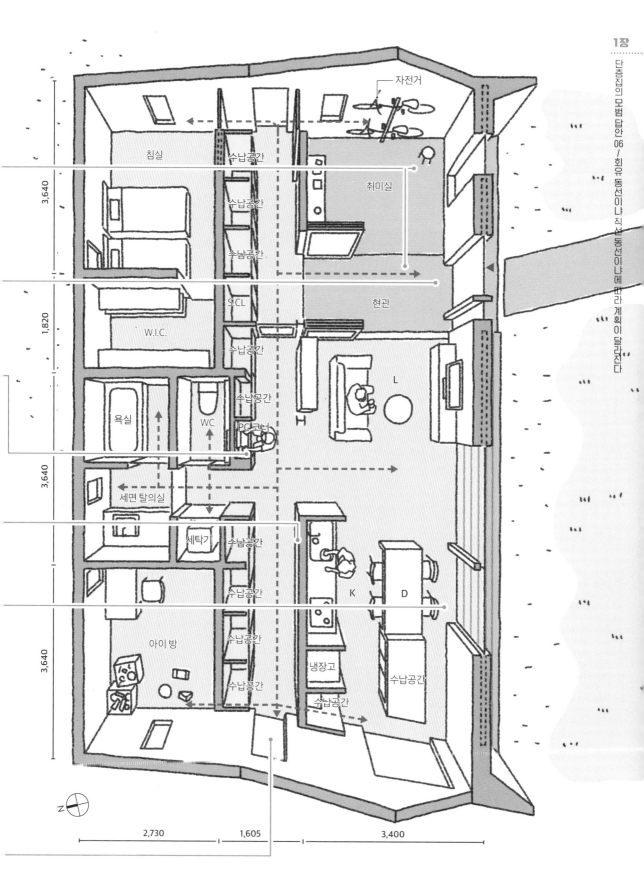

자전거

침실 수납공간

수납공간

취미실

수납공간

S.CL

현관

W.I.C.

수납공간

L

욕실 WC

수납공간

PC코너

세면 탈의실

세탁기 수납공간

수납공간

K D

아이방 수납공간

수납공간 냉장고

수납공간

수납공간

수납공간

3,640

1,820

3,640

3,640

2,730 1,605 3,400

- - - - → :동선   평면 투시도

중정을 중심으로 회유 동선을 만든다

상하층으로 이동할 일이 없는 단층집은 집안일 동선을 간결하게 정리하기 좋다는 것도 매력 중 하나다.

이 단층집은 건물을 부지의 북쪽에 치우치게 배치하더라도 남쪽에 인접한 이웃집의 영향으로 햇빛을 충분히 확보할 수가 없었다. 이럴 때는 부지에 여유가 있다면 집의 중심에 중정을 만들고 그 주위에 방을 배치하는 방법으로 채광을 확보할 수 있다. 이렇게 하면 중정을 중심으로 한 회유 동선을 만들 수 있다.

또한 집안일을 위한 물 쓰는 공간을 서쪽에 모아 놓았다. 그 결과 세탁기부터 빨래를 말리는 테라스, 옷을 수납하는 옷장까지의 동선이 짧아져 편리한 방 배치를 실현할 수 있었다.

주방에서 중정이 보이기 때문에 아이들이 노는 모습을 지켜보면서 안심하고 집안일을 할 수 있다.

내진 등급 3을 충족하기 위해 중정과 인접한 동서의 벽을 개구부가 없는 내력벽으로 만들었다*. 그 결과 동서의 복도에 직사광선이 들어오지 않아, 수집한 애장서들을 햇볕에 바랠 걱정 없이 보관할 수 있다.

- - - ➤ : 동선

☀→ : 채광

▬ : 내력벽

평면 투시도

거실에서 중정을 바라본 모습. 지붕의 형상을 살린 경사 천장이며, 고층에서는 태양의 고도가 낮은 겨울에도 햇빛이 실내 안쪽까지 들어온다.

* 내진 등급 3을 충족하기 위해 남북의 외벽 등에도 내력벽을 적절히 설치했다.

옆문
수납
세탁기
세면 탈
욕실

2,730
1,820
1,820
1,820
3,640
2,730

'이도마키의 단층집'
소재지: 니가타 현
부지 면적: 295.52㎡ / 연면적: 130.01㎡
천장 높이: 2,100~3,000mm
설계: 사토 공무점
사진: 사토 공무점

채광층 지붕

1장

단층집의 모범 답안 06 / 회유 동선이냐 직선 동선이냐에 따라 계획이 달라진다

주방에 옆문을 설치해 냄새가 신경 쓰이는 음식물 쓰레기를 즉시 문 밖으로 가지고 나가 잠시 보관할 수 있게 했다.

현관 근처에 약 7.5㎡의 다다미 공간을 설치했다. 침실 등의 사적인 공간으로부터 떨어진 장소에 있어 손님 응대 등에 활용할 수 있다.

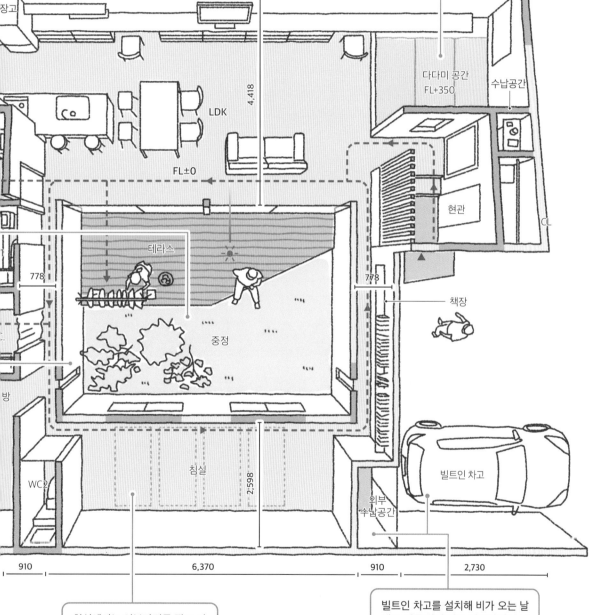

장고

다다미 공간
FL+350

수납공간

4.418

LDK

FL±0

현관

CL

테라스

책장

778

778

중정

침실

910

6,370

910

2,730

WC2

빌트인 차고

외부
수납공간

방

2.598

침실에서는 이부자리를 깔고 가족 모두가 함께 잠을 잔다. 낮에는 이부자리를 개키고 아이들의 놀이방으로 사용한다.

빌트인 차고를 설치해 비가 오는 날에도 비를 맞지 않고 자동차에서 내려 집으로 들어갈 수 있게 했다. 또한 외부 수납공간을 설치해 타이어나 삽 등을 보관하는 창고로 삼았다.

높이의 변화를 통해서
공간을 나눈다

단층집의 매력 중 하나는 천장과 바닥 사이에 있는 공간이 수평 방향으로 넓게 펼쳐져 있는 느낌이 드는 것이다. 그러나 천장과 바닥이 전부 평평하면 단조로운 인상을 줄 수도 있다. 그럴 경우 천장이나 바닥의 높낮이에 차이를 두면 벽으로 나누지 않고도 공간에 변화를 줄 수 있다.

구체적으로 추천하는 방법은 천장이나 바닥에 높낮이 차이를 통해 하나의 공간에 폐쇄감이 있는 공간과 개방감이 있는 공간을 함께 만드는 것이다. 높낮이 차이가 있는 부지라면 바닥을 계단식으로 만들어 각기 다른 인상을 주는 복수의 공간으로 구성할 수 있다. 또한 형상이나 용도가 다른 두 공간 사이에 천장이 낮은 공간을 만들면 위화감 없이 공간을 연결할 수 있다.

고창

거실

POINT

바닥이나 천장에 높낮이 차이를 만든다

천장 높이를 2,100밀리미터 정도로 억제하면 차분한 분위기의 공간이 된다. 아울러 바닥을 400밀리미터 정도 낮춰서 시선이 지면과 가까워지도록 만들면 안정감과 개방감을 얻을 수 있다.

POINT

바닥을 계단식으로 만든다

부지가 경사진 경우는 경사에 맞춰 바닥을 계단식으로 만드는 것도 한 가지 방법이다. 원룸이라도 장소에 따라 인상이 달라져서 다른 방식으로 이용할 수 있다.

공부방

놀이방

식당

POINT

서로 다른 두 공간을 낮은 천장으로 연결한다

실내의 형상이나 용도가 다른 두 방을 직접 연결하면 공간이 이어지지 못하고 갑자기 끊어지는 느낌을 주기 쉽다. 이럴 경우 2,100밀리미터 정도의 천장이 낮은 심플한 공간을 두 방 사이에 설치하면 그 부분이 완충 지대로 작용해 공간이 이어져 있다는 느낌을 줄 수 있다.

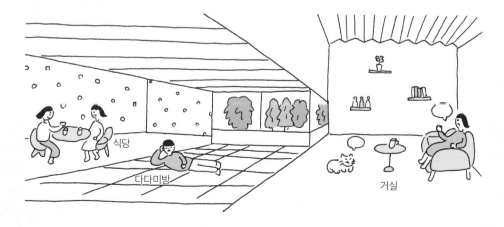

식당

다다미방

거실

톱니형 지붕으로 느슨하게 이어져 있는 부모 세대의 집(사진 왼쪽)과 자식 세대의 집. 정원에서 바비큐 파티 등을 하면서 즐거운 시간을 보낸다(사진: 가기오카 류몬).

채광층 지붕의 높낮이 차이가 있는 부분에 설치한 고창에서 들어오는 빛이 어두워지기 쉬운 건물 중앙을 밝히는 동시에 넓은 면적의 천장이 만들어내는 압박감을 줄여 준다.

복수의 시선 높이로
공간을 풍요롭게

거실·식당·주방을 원룸으로 만들면 넓지만 단조로운 공간이 되기 쉽다. 그래서 이 집은 주방이나 복도와 다른 인상을 주도록 거실·식당의 바닥을 400밀리미터 낮췄다. 또한 소파 주변은 여기에서 410밀리미터를 더 낮춰 높낮이 차이가 있는 벽으로 둘러싸 차분함이 느껴지는 공간으로 만들었다.

시선 높이가 지반면과 가까우면 정원과 이어져 있다는 느낌이 강해진다. 이 집은 거실의 정원 쪽 바닥을 낮춰서 정원과 거리가 있는 주방에서도 정원으로 시선을 향하게끔 만들었다.

또한 채광층 지붕의 높낮이 차이가 있는 곳에 고창을 설치해 실내의 중앙부에 빛을 끌어들였다.

세면실

거실의 소파 주변은 바닥의 높이를 낮춘 피트 형식. 원룸 형식의 넓은 공간 속에서도 차분하게 쉴 수 있는 장소가 되었다.

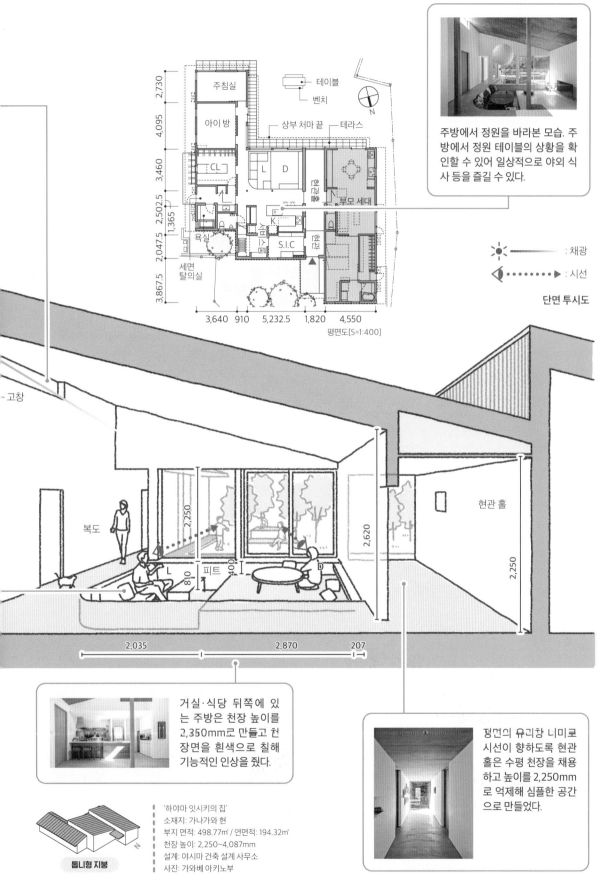

주침실

아이 방

CL

L D

부모 세대

욕실

K

S.I.C

세면
탈의실

테이블

벤치

N

상부 처마 끝   테라스

주방에서 정원을 바라본 모습. 주방에서 정원 테이블의 상황을 확인할 수 있어 일상적으로 야외 식사 등을 즐길 수 있다.

: 채광

: 시선

단면 투시도

2,730
4,095
3,460
2,502.5
2,047.5
1,365
3,867.5

3,640 910 5,232.5 1,820 4,550

평면도[S=1:400]

- 고창

복도

2,250

2,620

현관 홀

2,250

810 피트 400

L

D

2,035   2,870   207

거실·식당 뒤쪽에 있는 주방은 천장 높이를 2,350mm로 만들고 천장면을 흰색으로 칠해 기능적인 인상을 줬다.

정면의 유리창 니미로 시선이 향하도록 현관 홀은 수평 천장을 채용하고 높이를 2,250mm로 억제해 심플한 공간으로 만들었다.

'하야마 잇시키의 집'
소재지: 가나가와 현
부지 면적: 498.77㎡ / 연면적: 194.32㎡
천장 높이: 2,250~4,087mm
설계: 야시마 건축 설계 사무소
사진: 가와베 아키노부

톱니형 지붕

N

바닥의 높낮이 차이로 공간을 나눈다

경사진 부지에 단층집을 지을 경우, 부지에 맞추기 위해 설치한 바닥의 높낮이 차이를 이용해 각 방을 벽 없이 배치할 수도 있다. 하나로 이어져 있는 공간도 높낮이 차이를 적절히 활용하면 둘러싸여 있는 느낌을 주는 차분한 공간과 시각적으로 넓은 공간을 모두 실현할 수 있다.

공동의 공간과 개인의 공간은 부지의 높이를 이용해 나누는 것을 추천한다. 부지의 높이가 낮은 쪽에는 거실·식당·주방을, 높은 쪽에는 침실 등을 배치한다. 건물 주변의 지반과 실내 바닥의 관계가 장소에 따라 달라지면 움직일 때마다 풍경이 달라지는 즐거운 집이 된다.

왼쪽지붕

'KW의 집'
소재지: 아이치 현 / 부지 면적: 225.50㎡
연면적: 94.76m / 천장 높이: 2,200~3,350mm
설계: 워크 큐브
사진: 가토 도시아키(아키포토KATO)

복도를 겸하는 세면 코너는 도로 쪽에 있지만, 낮은 도로 면과 2,400mm의 높낮이 차이가 있어서 도로 쪽에서의 시선이 신경 쓰이지 않는다.

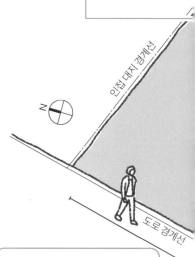

거실에서 놀이방을 바라본 모습. 천장을 수평하게 만들면 바닥의 높낮이 차이가 강조되어 장소에 따른 인상의 차이가 뚜렷해진다. 단을 높인 부분은 치장 콘크리트 마감으로, 외부의 옹벽을 실내까지 연장한 이미지다.

도로 쪽에서 바라본 외관은 콘크리트와 잔디로 구성되어 있으며, 경사면이 두드러진다.

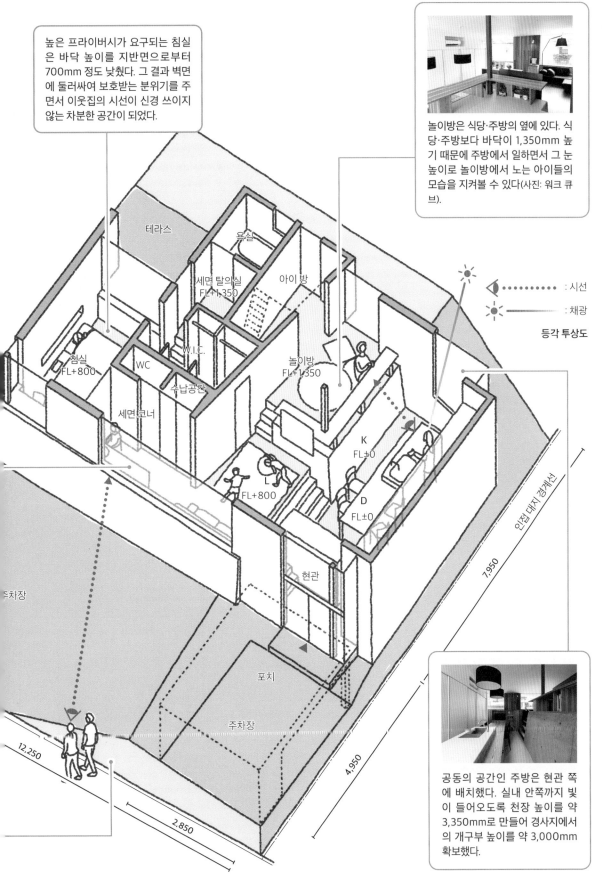

높은 프라이버시가 요구되는 침실은 바닥 높이를 지반면으로부터 700mm 정도 낮췄다. 그 결과 벽면에 둘러싸여 보호받는 분위기를 주면서 이웃집의 시선이 신경 쓰이지 않는 차분한 공간이 되었다.

놀이방은 식당·주방의 옆에 있다. 식당·주방보다 바닥이 1,350mm 높기 때문에 주방에서 일하면서 그 눈높이로 놀이방에서 노는 아이들의 모습을 지켜볼 수 있다(사진: 워크 큐브).

테라스

욕실

세면 탈의실 FL+1,350

아이 방

침실 FL+800

WC

W.I.C.

수납공간

세면코너

놀이방 FL+1,350

K FL±0

L FL+800

D FL±0

현관

주차장

포치

주차장

인접 대지 경계선

7,950

4,950

2,850

12,250

⊲•••••••• : 시선

⊲———— : 채광

등각 투상도

공동의 공간인 주방은 현관 쪽에 배치했다. 실내 안쪽까지 빛이 들어오도록 천장 높이를 약 3,350mm로 만들어 경사지에서의 개구부 높이를 약 3,000mm 확보했다.

천장이 낮고 구성이 단순한 공간을 완충 지대로 사용한다

단층집의 장점은 천장의 형태에서도 드러난다. 들보와 서까래를 노출시켜 다른 높이의 공간을 연결하면 더욱 역동적인 느낌을 주고, 방형지붕으로 만들면 지붕 부재의 구성이 가지런해진다.

채광·통풍을 고려해 방형지붕을 여러 개 얹을 경우, 개성이 강한 두 공간을 그대로 연결하면 시각적인 흐름이 끊기기 때문에 주의가 필요하다. 이럴 때 추천하는 방법은 천장이 낮고 구성이 단순한 공간을 중간에 끼워 넣는 것이다. 그 부분이 완충 지대가 되어 각각의 공간을 느슨하게 연결함으로써 건물 전체가 하나로 이어진다.

덱에 걸터앉을 수 있는 난간을 배치하고 식재 공간을 건물 가까이에 배치하면 좋다.

주방에서 거실을 바라본 모습. 거실의 낮고 수평한 천장면이 주방과 거실을 적당히 분리시킨다.

주방에서 아이 방을 바라본 모습. 아이 방 미닫이문의 상인방 위쪽을 벽으로 막지 않고 개방해 통풍을 확보하는 동시에 천장이 넓어 보이도록 만들었다.

거실에서 식당·주방을 바라본 모습. 들보와 서까래를 노출시켜 개방적인 천장 높이를 확보했다. 주방 뒷면의 수납벽은 높이가 약 2,600mm이며, 그 상부는 로프트로 이용하고 있다.

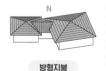

방형지붕

'고이케의 집'
소재지: 시즈오카 현
부지 면적: 433.06㎡ / 연면적: 131.66㎡
천장 높이: 2,100~3,850mm
설계: 오기 건축 공방
사진: 애드브레인

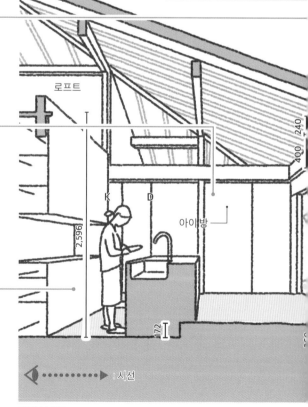

로프트

400 240

2,596

K   D

아이방

172

◀ ········· : 시선

단면 투시도

천장이 낮은 방은 차분한 느낌을 주며, 시선의 높이도 낮게 억제하면 편하게 쉴 수 있는 공간이 된다. 이 집의 경우 다다미와 좌면이 낮은 소파를 사용해 시점을 낮췄다.

덱으로 이어지는 창문의 창대 높이를 360mm로 억제해 걸터앉기 좋게 함으로써 안락한 공간으로 만들었다. 실내의 시선 높이와 지방면의 높이 차이를 줄이면 실내에서 정원으로 시선을 향하기가 쉬워져 실내외의 연속성이 높아진다.

현관에서 거실을 바라본 모습. 노출된 들보와 서까래가 현관이 현관 포치와 이어져 있다는 느낌을 준다. 또한 낮은 천장의 거실이 방형 천장인 식당 쪽 공간과 현관을 위화감 없이 연결해 하나의 건물로 만들어 준다.

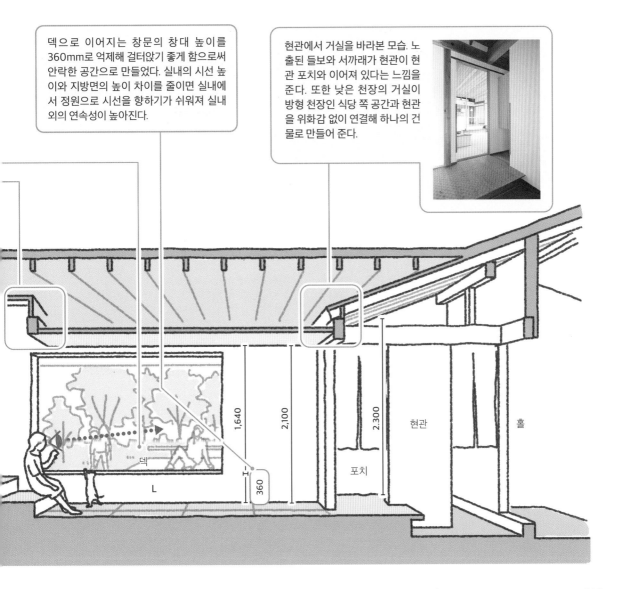

1,640

2,100

2,300

현관

홀

덱

포치

L

360

다락을 활용해
쾌적하게 생활한다

단층집은 다층집에 비해 지붕 면적이 커지기 때문에 다락 공간의 활용이 중요한 열쇠가 된다. 다락을 효과적으로 활용하면 채광·통풍의 확보나 온열 효과 등 기능의 측면에서 이익을 누릴 수 있다. 또한 로프트로 각 방을 연결하면 원룸의 형태가 아니더라도 가족의 기척을 자연스럽게 느낄 수 있는 구조가 된다.

부지 면적의 제약이나 가족 구성 등 여러 가지 조건에 따라 방의 수와 프라이버시 등을 우선해야 해 완전한 단층집으로 만들 수 없는 경우도 있다. 그럴 때는 주요 생활 공간은 1층에, 아이 방이나 예비실, 수납공간 등은 2층에 배치하는 '거의 단층집' 같은 설계도 효과적이다.

(POINT)

다락이 집 전체를 연결한다

각 방을 다락으로 연결하면 다락을 통해서 가족의 기척을 느낄 수 있다. 열린 다락 공간으로 만들면 개방감과 일체감을 쉽게 얻을 수 있어서 추천한다.

(POINT)

채광·통풍에 활용한다

다락이나 천창을 활용하면 집 안 깊은 곳까지 빛이 들어오고, 환기에도 효과적이다[28페이지 참조]. 공기의 흐름을 컨트롤하면 냉난방 효율도 높아진다.

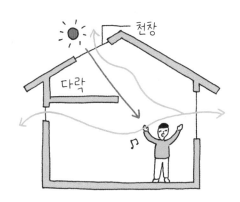

(POINT)

수납공간으로 활용한다

다락을 특정 계절에만 입는 옷 등 사용 빈도가 낮은 물건을 수납하는 공간으로 사용하면 1층 부분을 넓게 사용할 수 있다.

(POINT)

'살짝 올려놓기'로 기능을 보강한다

예비실 등을 2층에 배치하고 필요한 기능을 1층에 완비하면 서류상으로는 2층 건물이지만 단층집의 이점을 살린 생활을 할 수 있다.

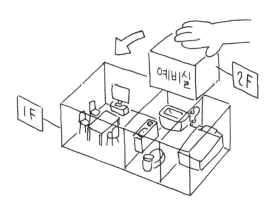

외벽은 차분한 인상의 회색이다. 채광층 지붕의 높낮이 차이가 나는 부분에 고창을 설치했다. 로프트를 통해 들어오는 풍부한 양의 빛과 바람이 LDK를 가득 채운다.

로프트는 특정 계절에만 입는 의류나 도구류를 수납하는 공간이지만, 천창 아래에서 편히 쉬는 등 LDK의 일부로도 사용할 수 있다.

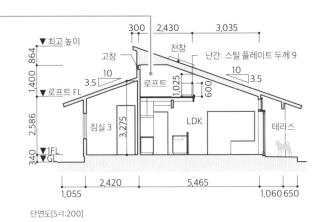

300 2,430 3,035

▼ 최고 높이
864
1,400
▼ 로프트 FL
2,586
▼ 1FL
340 ▼ GL

고창
천창
난간: 스틸 플레이트 두께 9
3.5 10
10 3.5
로프트
1,025
600
침실 3 3.275
LDK
테라스

1,055
2,420
5,465
1,060 650

단면도[S=1:200]

도로 경계선
진입
문

로프트를 이용해 남쪽 정원에서 집 안으로 바람을 끌어들인다

통풍의 확보는 단층집의 중요한 포인트다. 로프트와 정원을 조합하면 기분 좋은 바람을 실내로 끌어들이는 데 도움이 된다.

이 단층집은 동쪽과 서쪽, 북쪽의 3방향에 침실을 배치하고 남쪽 정원을 향해 열려 있는 거실·식당·주방 공간을 중앙부에 배치했다. 그리고 주방 상부에 동서 방향으로 연결된 남향의 로프트를 설치해 정원에서 들어온 바람이 로프트를 통해 입체적·평면적으로 집 안을 순환하도록 만들었다.

로프트는 동쪽과 서쪽의 침실과도 개구부를 통해 이어져 있어, 집 전체를 완만하게 연결시키는 역할도 한다.

채광층 지붕

'히토쓰바시 학원의 집
소재지: 도쿄 도
부지 면적: 228.52㎡
연면적: 88.10㎡ / 천장 높이: 3,986mm
설계: 사토·후세 건축 사무소
사진: 이시소네 아키히토

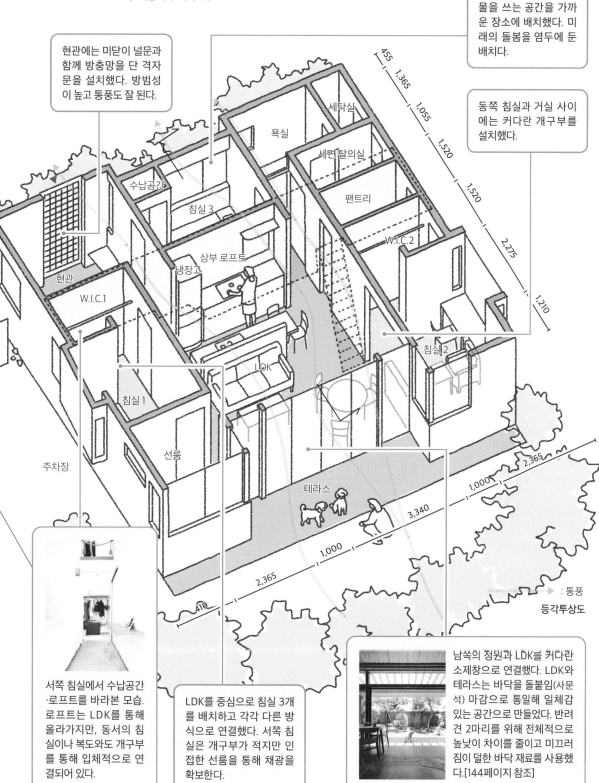

현관에는 미닫이 널문과 함께 방충망을 단 격자문을 설치했다. 방범성이 높고 통풍도 잘 된다.

어머니의 침실을 현관에서 직접 드나들 수 있고 물을 쓰는 공간을 가까운 장소에 배치했다. 미래의 돌봄을 염두에 둔 배치다.

동쪽 침실과 거실 사이에는 커다란 개구부를 설치했다.

세탁실

욕실

수납공간

세면 탈의실

침실 3

팬트리

W.I.C.2

상부 로프트

냉장고

현관

W.I.C.1

LDK

침실 2

침실 1

선룸

주차장

테라스

455
1,365
1,055
1,520
1,520
2,275
1,210

2,365
1,000
3,340
1,000
2,365
410

▶ : 통풍
등각투상도

서쪽 침실에서 수납공간·로프트를 바라본 모습. 로프트는 LDK를 통해 올라가지만, 동서의 침실이나 복도와도 개구부를 통해 입체적으로 연결되어 있다.

LDK를 중심으로 침실 3개를 배치하고 각각 다른 방식으로 연결했다. 서쪽 침실은 개구부가 적지만 인접한 선룸을 통해 채광을 확보한다.

남쪽의 정원과 LDK를 커다란 소제창으로 연결했다. LDK와 테라스는 바닥을 돌붙임(사문석) 마감으로 통일해 일체감 있는 공간으로 만들었다. 반려견 2마리를 위해 전체적으로 높낮이 차이를 줄이고 미끄러짐이 덜한 바닥 재료를 사용했다.[144페이지 참조]

톱니형 지붕으로
통풍·채광을 확보한다

다락 공간을 채광·통풍에 활용할 계획이라면 방위나 입지 조건도 고려해야 할 중요한 요소이다. 이 단층집은 남쪽으로는 바다를 내려다보고 북쪽으로는 산을 올려다보는 구릉지에 자리하고 있다. 이런 전망 좋은 입지를 살리기 위해 남쪽에 커다란 개구부를 설치하고 처마로 강한 햇빛을 차단했으며, 북쪽에는 고창을 설치해 채광을 안정적으로 확보했다. 남북으로 길쭉한 형태이지만, 톱니형 지붕이 만들어내는 2열의 다락 공간을 이용해 실내 전체에 골고루 빛이 들어오도록 계획했다.

또한 통풍 측면에서도 남쪽에서 들어온 바람이 실내를 지나서 고창으로 빠져나가 통풍이 잘 이루어지는 단층집이 되었다.

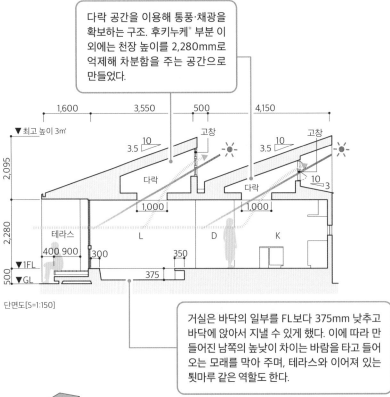

다락 공간을 이용해 통풍·채광을 확보하는 구조. 후키누케* 부분 이외에는 천장 높이를 2,280mm로 억제해 차분함을 주는 공간으로 만들었다.

거실은 바닥의 일부를 FL보다 375mm 낮추고 바닥에 앉아서 지낼 수 있게 했다. 이에 따라 만들어진 남쪽의 높낮이 차이는 바람을 타고 들어오는 모래를 막아 주며, 테라스와 이어져 있는 툇마루 같은 역할도 한다.

단면도[S=1:150]

톱니형 지붕

'AS의 집'
소재지: 아이치 현 / 부지 면적: 682.53㎡
연면적: 100.39㎡
천장 높이: 2,280mm
설계: 워크 큐브
사진: 가토 도시아키(아키포토KATO)

• 하층 부분의 천장과 상층 부분의 바닥을 설치하지 않음으로써 상하층을 연속시킨 공간

남쪽 가까이에는 밭이, 멀리에는 바다가 펼쳐져 있는 전망 좋은 입지. 1,300mm의 깊은 처마로 남쪽에서 내려쬐는 강한 햇빛을 차단했다.

수납공간과 물을 쓰는 공간을 사이에 배치함으로써 아이 방, LDK, 침실을 분리시켰다. 가족 구성원 개개인의 방은 다락을 통해 동서 방향으로 느슨하게 연결되어 있다.

빨래 건조방의 지붕면에는 천창을 설치했다.

아이 방은 칸막이 벽을 설치해서 둘로 나눌 수도 있다.

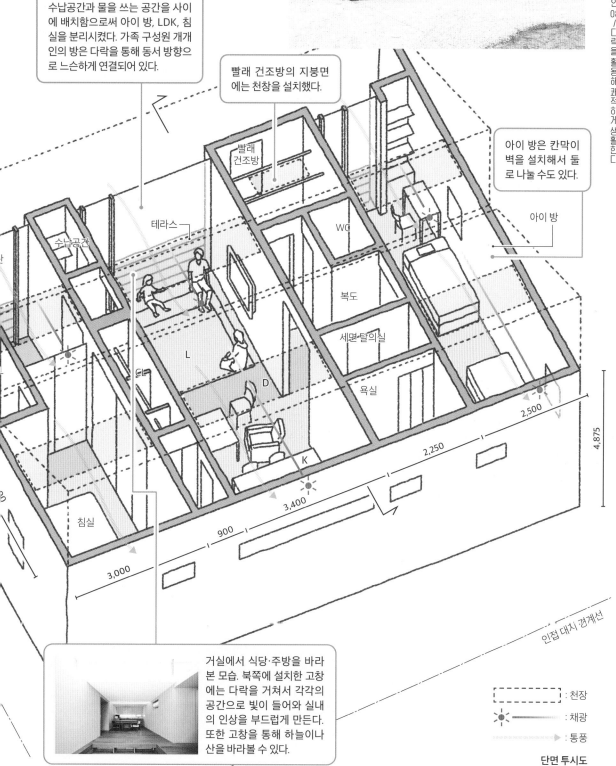

아이 방

테라스

수납공간

빨래 건조방

WC

복도

세면·탈의실

L

GL

D

욕실

침실

K

2,500

4,875

2,250

3,400

900

3,000

인접 대지 경계선

거실에서 식당·주방을 바라본 모습. 북쪽에 설치한 고창에는 다락을 거쳐서 각각의 공간으로 빛이 들어와 실내의 인상을 부드럽게 만든다. 또한 고창을 통해 하늘이나 산을 바라볼 수 있다.

: 천장
: 채광
: 통풍

단면 투시도

커다란 지붕+예비실로 개방감 넘치는 홀을 만든다

완전한 단층집이 아니더라도 1층에서 생활이 완결되도록 방을 배치하면 매우 편리하다. 장기적인 생활 스타일 변화에도 대응하기 쉬운 주거 공간이 된다. 이 집은 손님 응대 등 공적인 용도로 사용하는 공간인 홀과 가족만의 공간인 식당·주방·다다미방을 1층에 배치했다. 길쭉한 방향으로 경사진 커다란 박공지붕은 용마루로 갈수록 높아지기 때문에 이 다락 공간을 아이 방과 후키누케로 활용했다. 다락 공간을 활용해 필요한 방의 수를 확보했으며 전체적으로는 콤팩트한 구조로 만들어 개방성과 폐쇄성을 겸비한 집이 되었다.

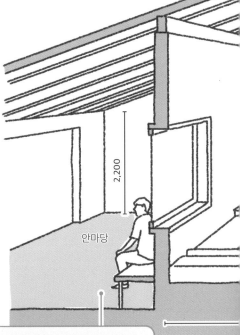

다락 공간(2층)에는 약 3.6m 길이의 바닥을 깔아서 구조적으로도 수평 강성을 확보했다.

2,200

안마당

외관은 처마를 낮게(처마 높이 2,100~2,200mm) 억제해 외부를 느슨하게 차단하는 동시에 위압감을 완화시켰다.

현관을 만들지 않고 중간 영역인 처마 밑에 안마당을 설치했다. 또한 집에 들어가지 않고도 이웃 사람들과 커뮤니케이션할 수 있도록 삼나무 벤치를 놓았다.

박공지붕

'아쓰야의 집'
소재지: 아이치 현
부지 면적: 282.22㎡ / 연면적: 141.81㎡
천장 높이: 4,230mm
설계: 스기시타 히토시 건축 공방
사진: 스기시타 히토시 건축 공방

주방과 식당은 천장 높이가 가장 낮은 구석진 장소에 배치해 가족이 차분하게 지낼 수 있는 장소로 만들었다. 요리에 전념할 수 있도록 벽면과 다용도실에 수납공간을 충실히 마련했다.

다다미방은 바닥의 높이를 홀보다 1m 정도 높여 천장 높이를 억제했다. 바닥 밑에는 넓은 수납공간을 만들어 벽면 책장 공간이 부족해 진열하지 못한 건축주의 취미 관련 물품을 보관할 공간을 확보했다.

넓은 공간에서 편히 쉴 수 있도록 침대 4개 정도 길이의 빌트인 소파를 설치했다.

평면도 [S=1:300]

단면 투시도

안마당에서 홀로 늘어가면 2증 후키누케의 개방적인 공간이 펼쳐진다. 남쪽 벽면에 설치한 2단 창문에서 들어오는 빛이 회반죽으로 마감한 벽을 부각시킨다. 또한 장기적으로 이웃 부지에 건물이 들어서더라도 채광을 확보할 수 있도록 위아래에 세로로 길쭉한 창문을 배치했다.

SOCIAL
DISTANCE

정원과 건물의
편안한 위치 관계

단층집 생활의 참맛 중 하나는 정원과 풍부한 관계를 맺을 수 있다는 점이다. 단층집은 다층집에 비해 정원을 쉽게 오갈 수 있으며, 실내에 있더라도 정원을 바라보기 좋다. 주위가 벽이나 이웃집에 둘러싸인 단층집이라도 정원을 적절히 배치한다면 빛과 바람을 실내로 쉽게 끌어들일 수 있다.

다만 햇볕이 잘 드는 방 앞에 넓은 정원을 배치하는 것만으로는 단층집의 특성을 제대로 살렸다고 할 수 없다. 부지 환경을 고려하며 정원과 건물을 최적의 균형으로 배치하는 것이 설계자가 해야 할 일이다. 서쪽이나 침실 부근에는 시야를 차단하기 위한 상록수를 심고 북쪽에는 응달에 강한 식물을 심는 등 식재 계획도 동시에 검토하자.

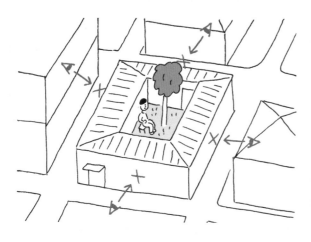

POINT

주택 밀집 지역에는 중정이 효과적

주택 밀집 지역에 단층집을 지을 때는 프라이버시 확보가 필수다. 코트하우스라면 주위의 시선을 차단하면서 정원을 개방적으로 생활하는 배치를 실현할 수 있다.

POINT

요철을 만들고 정원을 여러 개 설치한다

건물을 위에서 내려다봤을 때 비스듬하게 짓거나 L자 혹은 H자 형태로 지어 요철을 만들면 각각의 방에 맞춰 정원을 배치할 수 있으며 정원과 각 방의 일체감도 높아진다.

POINT

담장+요철을 이용해 최대한 식물로 건물을 둘러싼다

코트하우스처럼 담장이나 외벽으로 건물 주위를 둘러싼 다음 건물의 형상에 요철을 만드는 방법도 있다. 이렇게 하면 주택 밀집 지역에서도 외부 시선을 조절하면서 부지 내 곳곳에 정원을 배치하기가 쉬워진다. 직사광선 차단이나 통풍·채광도 용이하다.

진입로 쪽에서 중정을 바라본 모습. 식당(사진 왼쪽)과 아이 방(사진 중앙 안쪽)은 전면 창을 통해 중정과 연결되어 있어 정원이 '바깥에 있는 방'처럼 느껴진다.

프라이버시 보호와 개방감의 양립을 실현하는 중정

주택 밀집 지역에 단층집을 지을 때는 프라이버시 보호와 방범 문제를 반드시 고려해야 한다[106페이지 참조]. 이 집은 바깥쪽으로 향하는 개구부의 크기와 수를 줄여서 외부와의 연결을 최소한으로 억제하는 동시에 중정 쪽에 커다란 개구부를 설치했다. 덕분에 갑갑한 느낌이 전혀 들지 않고 개구부를 통해 실내 어디에서나 중정을 바라볼 수 있으며 빛과 바람이 들어와 바깥을 느낄 수 있는 편안한 공간이 되었다.

중정은 사방이 둘러싸여 있어 외부의 시선을 신경 쓰지 않고 편하게 시간을 보낼 수 있다. 또한 바닥의 높이가 지면과 가까운 GL+330밀리미터여서 실내와 중정이 물리적으로도 매끄럽게 연결되어 있다.

외쪽지붕

'가이토의 집'
소재지: 아이치 현
부지 면적: 314.87㎡ / 연면적: 106.32㎡
천장 높이: 1,900~3,503mm
설계: 마쓰바라 건축 계획
사진: 호리 다카유키 사진 사무소

외부의 진입로와 주차장에 배치한 식재가 지역에 개방 정원으로 기능한다.

주차장

현관과 직접 연결되어 있는 식당의 바닥은 모르타르를 쇠흙손으로 마감했다. 토양 축열식 복사 바닥 난방을 적용해 겨울에도 따뜻하다.

진입로

정원의 상징목인 산딸나무. 낙엽수라서 계절마다 다른 모습을 즐길 수 있다. 약 40㎡의 중정은 관리가 쉽고 반대쪽 방의 모습을 살필 수 있는 넓이다.

다목적실 바닥은 모르타르를 쇠흙손으로 마감했다. 진입로에서 직접 출입할 수 있어 자전거 등의 보관에도 사용할 수 있다.

1,820

인접 대지 경계선

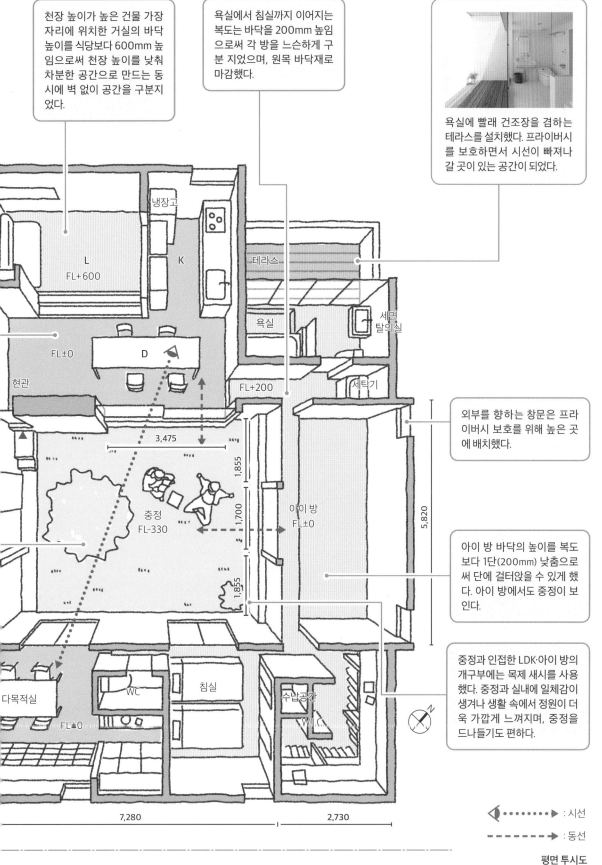

천장 높이가 높은 건물 가장 자리에 위치한 거실의 바닥 높이를 식당보다 600mm 높임으로써 천장 높이를 낮춰 차분한 공간으로 만드는 동시에 벽 없이 공간을 구분지었다.

욕실에서 침실까지 이어지는 복도는 바닥을 200mm 높임으로써 각 방을 느슨하게 구분 지었으며, 원목 바닥재로 마감했다.

욕실에 빨래 건조장을 겸하는 테라스를 설치했다. 프라이버시를 보호하면서 시선이 빠져나갈 곳이 있는 공간이 되었다.

외부를 향하는 창문은 프라이버시 보호를 위해 높은 곳에 배치했다.

아이 방 바닥의 높이를 복도보다 1단(200mm) 낮춤으로써 단에 걸터앉을 수 있게 했다. 아이 방에서도 중정이 보인다.

중정과 인접한 LDK·아이 방의 개구부에는 목제 새시를 사용했다. 중정과 실내에 일체감이 생겨나 생활 속에서 정원이 더욱 가깝게 느껴지며, 중정을 드나들기도 편하다.

냉장고

L
FL+600

K

테라스

욕실

세면
탈의실

FL±0

현관

D

FL+200

세탁기

3,475

1,855

1,700

중정
FL-330

아이 방
FL±0

1,855

5,820

다목적실

WC

침실

수납공간

FL±0

W.I.C

N

7,280

2,730

◀┈┈┈┈▶ : 시선

◀╶╶╶╶▶ : 동선

평면 투시도

H자형 단층집과 식재로 녹색이 가득한 집을 만들다

주변 환경이나 정원과의 관계를 고려해, 거실동과 침실동을 복도로 연결하는 H자형 건물로 설계했다. 거실동은 남동쪽에 자리한 공원을 바라보도록 배치하고, 침실동은 남쪽에 있는 이웃집의 시선을 피하기 위해 각도를 비틀어서 배치했다. 그리고 이 두 동을 서재 겸 복도로 연결했다. 여기에 거실동·침실동·서재겸 복도로 둘러싸인 크고 작은 2개의 중정을 배치해 실내 어디에서나 풍부한 녹색 식물을 감상할 수 있다. 감상하는 장소나 계절에 따라 각기 다른 표정을 즐길 수 있는 집으로 만들었다. 한편 이웃집이 가까이 있는 부지 남서쪽은 개구부의 크기와 수를 최대한 줄였다.

다다미방·복도 겸 서재·침실에서는 그늘에서 잘 자라는 정금나무 등을 심은 정원이 보인다.

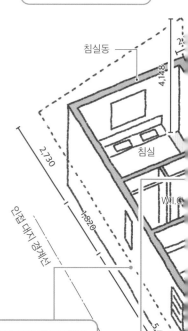

침실동

침실동은 거실동처럼 동서로 길쭉한 형태이지만, 정면 폭을 줄이고 처마 높이를 낮춰서 외관의 균형을 맞췄다.

거실의 대형 소제창을 통해 중정을 바라본 모습

서재 겸 복도의 창문을 통해 거실 방향을 바라본 모습.

외쪽지붕

'사쿠라의 집 II'
소재지: 지바 현
부지 면적: 307.84㎡ / 연면적: 107.83㎡
천장 높이: 2,100~3,400mm
설계: 기기 설계실
사진: 기기 설계실

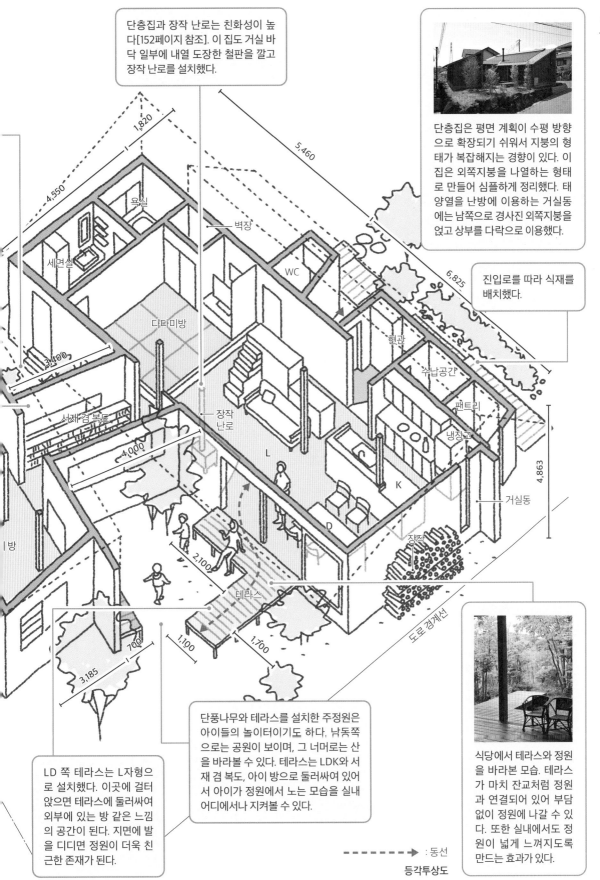

단층집과 장작 난로는 친화성이 높다[152페이지 참조]. 이 집도 거실 바닥 일부에 내열 도장한 철판을 깔고 장작 난로를 설치했다.

단층집은 평면 계획이 수평 방향으로 확장되기 쉬워서 지붕의 형태가 복잡해지는 경향이 있다. 이 집은 외쪽지붕을 나열하는 형태로 만들어 심플하게 정리했다. 태양열을 난방에 이용하는 거실동에는 남쪽으로 경사진 외쪽지붕을 얹고 상부를 다락으로 이용했다.

진입로를 따라 식재를 배치했다.

욕실
세면실
벽장
WC
다다미방
현관
수납공간
팬트리
냉장고
서재 겸 복도
장작 난로
4,863
L
K
거실동
D
장작
도로 경계선
테라스

4,550
1,820
5,460
6,825
3,400
4,000
2,100
700
3,185
1,100
1,700

방

단풍나무와 테라스를 설치한 주정원은 아이들의 놀이터이기도 하다. 남동쪽으로는 공원이 보이며, 그 너머로는 산을 바라볼 수 있다. 테라스는 LDK와 서재 겸 복도, 아이 방으로 둘러싸여 있어서 아이가 정원에서 노는 모습을 실내 어디에서나 지켜볼 수 있다.

LD 쪽 테라스는 L자형으로 설치했다. 이곳에 걸터 앉으면 테라스에 둘러싸여 외부에 있는 방 같은 느낌의 공간이 된다. 지면에 발을 디디면 정원이 더욱 친근한 존재가 된다.

식당에서 테라스와 정원을 바라본 모습. 테라스가 마치 잔교처럼 정원과 연결되어 있어 부담 없이 정원에 나갈 수 있다. 또한 실내에서도 정원이 넓게 느껴지도록 만드는 효과가 있다.

- - - - - - → : 동선

등각투상도

북쪽에도 중정을 설치해 안정적으로 채광을 얻는다. 테라스를 설치해 휴식을 위한 반옥외 공간으로 사용할 수 있게 했다.

남동쪽의 외관. 채광과 통풍을 위해 외벽의 일부가 루버로 되어 있다. 삼나무판을 댄 벽이 실내 쪽에서 볼 때도 부드러운 인상을 준다.

나무 벽과 중정으로 둘러싸인 **도시형 단층집**

평면상에 요철이 있는 단층집은 부지 내 곳곳에 식재를 설치할 수 있지만, 사각(死角)이 많아서 방범과 프라이버시 확보라는 과제도 생긴다. 주택 밀집 지역에 지은 이 단층집은 집 전체를 삼나무판을 댄 벽으로 둘러싸 외부로부터의 시선을 차단하는 동시에 콤팩트한 인상을 주는 외관으로 만들었다. 한편 실내에는 정원을 역S자로 배치해 녹색 식물이 집을 둘러싸도록 계획했다.

이에 따라 프라이버시를 확보하면서도 실내에서 정원을 즐길 수 있게 되었다. 또한 방의 수를 최소한으로 억제해 단층집의 과제인 채광 부족도 확실히 해결했다.

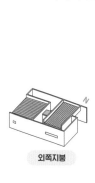

외쪽지붕

'니시미쿠니의 집'
소재지: 효고 현
부지 면적: 129.34㎡ / 연면적: 91.70㎡
천장 높이: 2,250mm
설계: arbol+FLAME
사진: 시모무라 야스노리

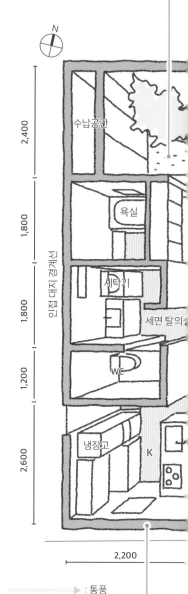

수납공간

욕실

세탁기

세면 탈의실

WC

냉장고

K

2,400

1,800

1,800

1,200

2,600

인접지 경계선

2,200

⟶ : 통풍

평면 투시도

중정에서 채광을 확보한다는 전제로 남쪽 외벽의 개구부 수를 줄였다. 단층집에서는 이 설계로도 채광 조건을 충족할 수 있다.

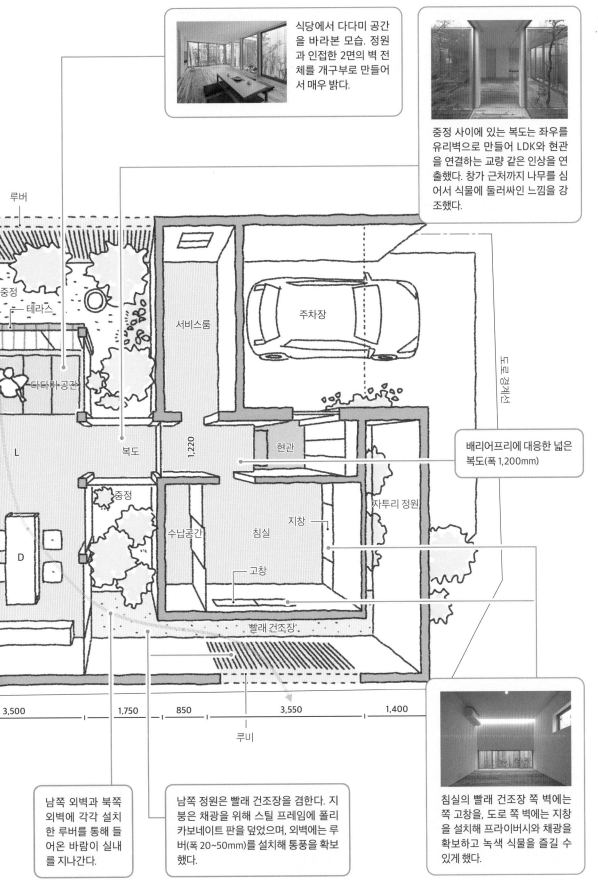

식당에서 다다미 공간을 바라본 모습. 정원과 인접한 2면의 벽 전체를 개구부로 만들어서 매우 밝다.

중정 사이에 있는 복도는 좌우를 유리벽으로 만들어 LDK와 현관을 연결하는 교량 같은 인상을 연출했다. 창가 근처까지 나무를 심어서 식물에 둘러싸인 느낌을 강조했다.

루버

중정

테라스

다다미 공간

L

D

서비스룸

주차장

복도

1,220

현관

도로 경계선

배리어프리에 대응한 넓은 복도(폭 1,200mm)

중정

수납공간

침실

지창

자투리 정원

고창

빨래 건조장

3,500　　1,750　　850　　3,550　　1,400

루비

남쪽 외벽과 북쪽 외벽에 각각 설치한 루버를 통해 들어온 바람이 실내를 지나간다.

남쪽 정원은 빨래 건조장을 겸한다. 지붕은 채광을 위해 스틸 프레임에 폴리카보네이트 판을 덮었으며, 외벽에는 루버(폭 20~50mm)를 설치해 통풍을 확보했다.

침실의 빨래 건조장 쪽 벽에는 쪽 고창을, 도로 쪽 벽에는 지창을 설치해 프라이버시와 채광을 확보하고 녹색 식물을 즐길 수 있게 했다.

반려견이 건강하고 즐겁게 살 수 있는 장치를 만든다

상하 이동이 없어 이동이 편한 단층집은 사람과 반려견이 모두 살기 좋은 주택을 만들려고 할 때 최적의 선택이다.

계단을 오르내리는 동작은 반려견의 몸에 큰 부담을 준다. 특히 몸집이 작은 개나 늙은 개는 계단 때문에 골절이나 탈구 등의 사고를 당하는 일이 많으며, 그렇지 않더라도 장기적으로 관절에 악영향을 줄 수 있다. 그런 측면에서 계단이 없는 단층집은 반려견이 살기 좋은 주택 형태라고 할 수 있다.

또한 개는 바깥 활동을 좋아하는 동물이다. 주거 공간과 외부가 수평으로 연결되어 있는 단층집의 이점을 살려, 부지 내에 반려견이 안전하게 놀 수 있는 장소를 만들어 주자. 바깥에서 마음껏 놀 수 있게 하면 실내 생활의 스트레스도 줄어든다.

반옥외 공간

POINT

반옥외에 놀이 장소를 마련한다

운동량이 많은 견종일 경우 특히 원할 때 마음껏 뛰어놀 수 있는 야외 공간이 필요하다. 지붕을 설치하는 등 비가 내리는 날에도 놀 수 있도록 하자.

POINT

도로나 이웃집과 거리를 둔다

개는 자신의 영역을 지키려 할 때 짖는 습성이 있는데, 너무 심하게 짖으면 이웃과 갈등을 빚을 수 있다. 도로나 이웃과의 사이에 정원을 설치해 거리를 띄우는 등의 배치를 고민하자.

POINT

반려견의 자리는 가족 근처에

개는 항상 주인과 함께 지내고 싶어 한다. 하나로 이어진 공간을 만들기 쉬운 단층집이라면 거실·식당·주방이나 인접한 중간 영역 등에 반려견의 자리를 만들어 줄 수 있다.

POINT

진입로는 슬로프르

실내에는 높낮이 차이가 없는 단층집도 외부에서의 출입구에는 차이가 있는 경우가 많다. 계단 대신 슬로프 등을 설치하면 반려견은 물론 사람에게도 장기적으로 살기 편한 집이 된다.

35° 이하

회랑형 도그런의 모습. 깊은 처마가 햇빛을 적당히 차단해 줘서 반려견도 쾌적하게 뛰어놀 수 있다. 개가 뛰어넘지 못하도록 1미터 높이의 외부 울타리를 설치했다. (사진: 핫토리 노부야스 건축 설계 사무소)

현관 앞에서. 반려견들은 실내 혹은 실외에서 즐겁게 지내고 있으며, 실외에서 뛰어놀 때도 처마가 있어 햇빛을 피할 수 있다. (사진: 핫토리 노부야스 건축 설계 사무소)

반려견이 처마 밑과 중앙 복도를 **뛰어다닐** **수 있는 집**으로

반려견 4마리와 부부가 쾌적하기 살기 위해 설계된, 실내와 외부의 거리가 가까운 단층집이다. 날씨와 상관없이 반려견이 자유롭게 뛰어다닐 수 있도록 건물 주위에 기둥을 세우고 깊은 처마를 둘러쳐서 회랑형 도그런을 만들었다. 또한 4마리가 동시에 뛰어놀 수 있도록 도그런 폭을 1,500밀리미터로 충분히 확보했다.

집 중심부 채광을 확보하기 위해 모임지붕의 용마루(마룻대) 부분에 라인 형태의 천장을 설치하고[149페이지 참조] 그 아래에 9미터 길이의 복도를 배치했다. 이곳도 반려견 4마리가 뛰어노는 장소로 이용된다.

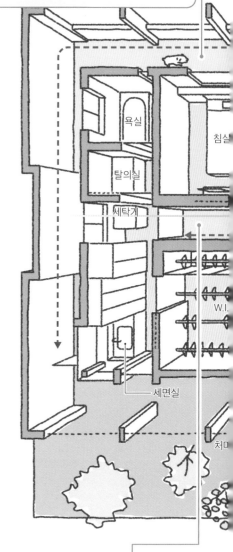

욕실
탈의실
세탁기
세면실
침실
W.I.
처마

모임지붕

'모임지붕의 집'
소재지: 기후 현
부지 면적: 994.75㎡ / 연면적: 111.96㎡
천장 높이: 2,000~3,480mm
설계: 핫토리 노부야스 건축 설계 사무소
사진: 야마우치 노리히토

빛이 들어오는 복도 부분의 천장 높이는 약 3,100mm다. 천장에는 루버를 300mm 간격으로 배치해 빛을 확산시켰다[149페이지 참조]. 이 복도가 주동선이 되어 각 방으로 이어진다

현관 토방을 넓게 확보하고 반려견용 샤워장을 설치했다. 실내 바닥을 타일로 마감하고, 오염에 강하면서도 반려견의 발에도 부담을 덜 주는 비닐 시트와 벽면의 멜라민 코팅 등을 활용해 기능성을 강화하고 쉽게 청소할 수 있게 했다.

처마 높이가 2,150mm인 회랑 부분은 편안하게 지낼 수 있는 중간 영역이다. 처마의 깊이가 1,500mm라서 비가 내리는 날에도 반려견이 젖을 염려 없이 반옥외를 뛰어다닐 수 있다. 또한 회랑 부분이 문을 통해 외부와 분리되어 있어 반려견이 밖으로 나갈 우려도 적다.

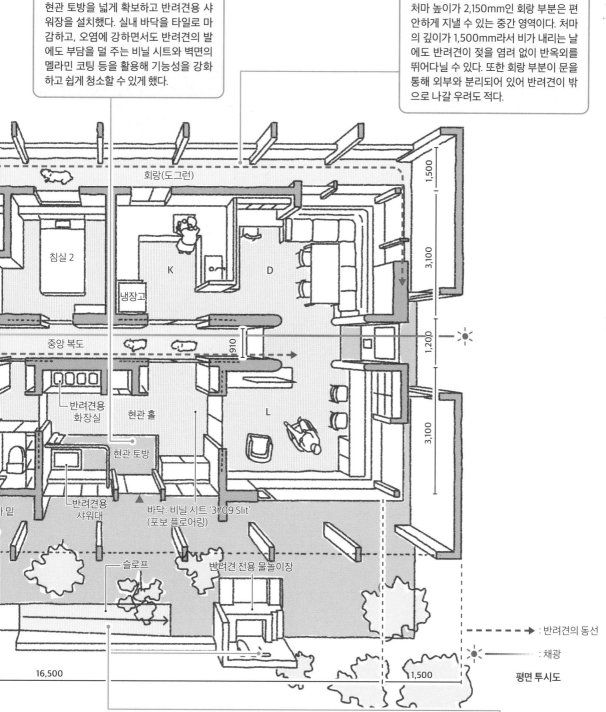

회랑(도그런)

침실 2

K

D

1,500

3,100

냉장고

중앙 복도

910

1,200

반려견용 화장실

현관 홀

L

3,100

현관 토방

반려견용 샤워대

마 밑

바닥: 비닐 시트 '3709 Slit'
(포보 플로어링)

슬로프

반려견 전용 물놀이장

16,500

1,500

- - - ➤ : 반려견의 동선

: 채광

평면 투시도

남서쪽에서 현관을 바라본 모습. 건물 주위 기둥은 사방 120mm의 삼나무 1등재 3개를 맞붙인 것이다.

정원과 이어져 있는 진입로를 반려견의 다리에 부담이 적은 슬로프로 만들었다. 또한 몸이나 다리를 쉽게 씻을 수 있도록 반려견 전용 물놀이장을 설치했다(사진: 핫토리 노부야스 건축 설계 사무소).

1

환경에 맞춘 단층집

다설 지역이지만 밝은 집으로

눈이 자주 내려 일조 시간이 짧은 지역에서는 겨울철의 자연광 확보가 절실한 과제다. '단층집에서 살고 싶다.'는 희망이 있을 경우는 더더욱 그렇다. 이 집은 2층을 일부 설치하고 외벽에 단열 효과가 높은 투과성 소재를 사용함으로써 부드러운 빛을 1층으로 끌어들여 '밝은 단층집 스타일의 생활'을 실현했다.

위: 건물의 남쪽 면. 2층의 흰 부분이 채광 단열벽이다. 1층 남쪽 면에는 열어 놓은 채로 생활할 수 있도록 고단열 목제 창호를 설치했다.
왼쪽: 2층의 채광 단열벽. 눈에 반사된 빛이나 등롱 등의 부드러운 빛이 LDK가 있는 후키누케 공간 전체를 감싼다.

투습방수지는 내구성·내수성이 뛰어난 '타이벡®(백색)'(아사히·듀폰 플래시스펀 프로덕트)을 사용했다.

투습방수지
기둥(105□)
외부
투습방수지
외부
중공 폴리카보네이트 판 두께 40

〈채광 단열벽의 구성도〉
외벽에는 폴리카보네이트 수지의 중공 허니컴 구조체를 채용했다. 확산광을 통해 조도가 높고 균질한 자연 채광을 가능케 하며, 공기층을 이용한 단열 효과도 높다.

2층의 외벽에는 자연광을 통과시키는 채광 단열벽을 채용해, 후키누케를 거쳐 1층까지 빛이 들어오게 했다. 후키누케는 자연 통풍·환기를 촉진하는 역할도 한다.

장래에 어머니를 돌볼 것을 예상해 1층만으로도 생활할 수 있는 '단층집 스타일'로 방을 배치했다.

'시라타카의 집'
소재지: 야마가타 현(다설 지역 지정)
부지 면적: 327.03㎡
연면적: 98.54㎡
설계: 시부야 다쓰로+아키텍처 랜드스케이프
사진: 시부야 다쓰로

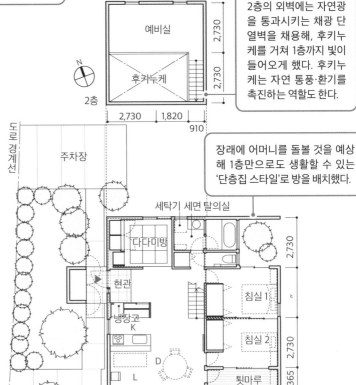

예비실
후카누케
2층
2,730
2,730
2,730
1,820
910

도로 경계선
주차장
세탁기 세면 탈의실
2,730
다다미방
현관
냉장고
K
침실 1
침실 2
L
D
2,730
뒷마루
1,365
360
2,275
5,400
4,095
1층
평면도[S=1:250]

2장

단층집 설계의 고민 해결

'단층집은 비용이 많이 든다고 하던데?'
'겨울철에는 춥지 않나?'
'프라이버시나 방범 문제는 괜찮을까?'
이런 의문이나 고민을 전부 해결해 준다!

단층집은 돈이 많이 들까, 아니면 적게 들까?

연면적이 같은 단층집과 2층집*의 건축 비용을 단순하게 비교하면 기초나 지붕의 면적이 큰 단층집의 공사비가 더 비싸다. 그러나 단층집은 처마를 충분히 내면 비에 젖는 부분을 줄일 수 있고 외벽 등을 보수할 때 비계가 필요 없어서 유지 관리 비용을 줄일 수 있다는 이점도 있다.

또한 단층집에는 계단실이 필요 없어서 바닥 면적이 2층집과 같더라도 공사비가 줄어든다. 아울러 지진에 무너질 위험도 낮아서 보험료도 줄일 수 있다. 게다가 2층집은 거주자가 고령이 되거나 자녀가 독립하면, 2층이 사용하지 않는 공간이 될 가능성도 있기 때문에 부지 조건만 충족된다면 단층집을 고려해 볼 것을 권한다.

[사토 도모야]

POINT 단층집은 비계가 필요한 보수 공사가 적다

단층집은 지붕 면적이 넓기 때문에 일반적으로 2층집에 비해 지붕의 보수에 비용이 많이 들지만, 처마 천장이나 처마 홈통 등을 보수할 때 비계를 설치할 필요가 없어서 전체적으로 생각하면 보수 비용을 낮은 수준으로 줄일 수 있다.

아래의 그림은 지붕은 갈바륨 강판으로 마감하고 처마 천장은 규산칼슘판으로 마감한 뒤 도장했다고 가정했을 때의 비용을 계산한 것이다.

범례: 빈보수 빈도, 비공사비, 계비계 설치(회당 30만 엔 정도로 가정)

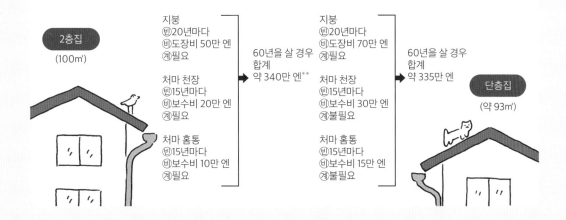

2층집
(100㎡)

지붕
빈20년마다
비도장비 50만 엔
계필요

처마 천장
빈15년마다
비보수비 20만 엔
계필요

처마 홈통
빈15년마다
비보수비 10만 엔
계필요

60년을 살 경우
합계
약 340만 엔**

지붕
빈20년마다
비도장비 70만 엔
계필요

처마 천장
빈15년마다
비보수비 30만 엔
계불필요

처마 홈통
빈15년마다
비보수비 15만 엔
계불필요

60년을 살 경우
합계
약 335만 엔

단층집
(약 93㎡)

POINT 단층집은 외벽과 개구부의 보수 빈도가 낮다

외벽이나 개구부의 1회당 보수 비용은 단층집과 2층집 사이에 별 차이가 없지만, 보수 빈도가 다르기에 장기적으로 보면 유지비에 차이가 생긴다. 단층집은 빗물에 젖는 부분이 적어서 보수를

자주 해 줄 필요가 없다는 이점이 있다. 아래의 그림은 외벽을 세라믹 계열의 사이딩으로 마감했다고 가정했을 때의 비용을 계산한 것이다.

범례: 빈보수 빈도, 비공사비, 계비계 설치(회당 30만 엔 정도로 가정)

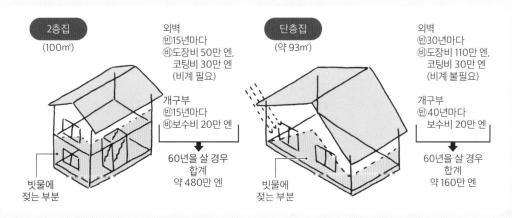

2층집
(100㎡)

외벽
빈15년마다
비도장비 50만 엔,
코팅비 30만 엔
(비계 필요)

개구부
빈15년마다
비보수비 20만 엔

60년을 살 경우
합계
약 480만 엔

단층집
(약 93㎡)

외벽
빈30년마다
비도장비 110만 엔,
코팅비 30만 엔
(비계 불필요)

개구부
빈40년마다
보수비 20만 엔

60년을 살 경우
합계
약 160만 엔

빗물에
젖는 부분

빗물에
젖는 부분

* 계단실 제외. 단층집에는 계단실이 없는 만큼 연면적이나 공사비를 절약할 수 있다. 이 점을 고려해서 100제곱미터의 2층집과 약 93제곱미터의 단층집의 비용을 비교했다.

** 비계 설치가 필요한 처마 천장과 처마 홈통의 보수 공사를 함께 했을 경우의 비용. 보수 시기나 업자에 따라 비용이 더 드는 경우도 있다.

구조를 고민해서 방 배치를 자유롭게 하려면?

계단 등의 제약이 없는 단층집은 방 배치의 자유도가 높은 것도 특징인데, 방 배치를 할 때 라이프사이클에 맞춰서 변형이 가능하도록 가변성을 부여하면 좋다.

장기적으로 방 배치를 바꿀 경우, 이미 설치한 구조 내력벽은 방이 좁아졌다고 해도 철거하는 것이 어렵지만 비내력벽은 가능하다. 물 쓰는 곳이나 워크인클로젯 등 개구부가 없어도 되는 방의 벽에 구조 내력벽을 사용하면 방 배치의 가변성이 높아져서 새로운 개구부를 설치하거나 아이 방을 2개로 나눴던 벽을 철거해 큰 방으로 만드는 등 등 생활의 변화에 유연하게 대응할 수 있다. [사토 다카시]

POINT

코어를 만든다

물 쓰는 곳이나 워크인클로젯 등 창
문이 없어도 되는 방을 건물 중앙에
배치하고 벽으로 구조 내력벽을 사용
하면 그 주위에는 비내력벽을 사용할
수 있다.

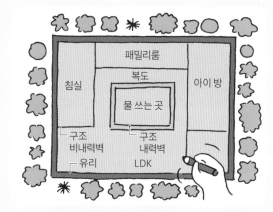

POINT

바깥 둘레를 고정시킨다

구조 내력벽을 건물의 바깥 둘레에
배치하면 내벽을 비내력벽으로 만들
수 있다. 단, 그림에서 점선으로 구역
을 나눈 Ⓐ~Ⓓ 부분의 구조 검토가
필요하다.

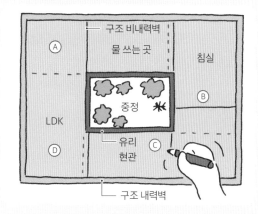

POINT

디귿자로 둘러싼다

건물의 형상이 길쭉한 경우 긴 변의 양쪽에 물 쓰는 곳이나 워크인
클로젯 등을 배치하고 벽으로 구조 내력벽을 사용하면 중간 부분
에 비내력벽을 사용할 수 있다.

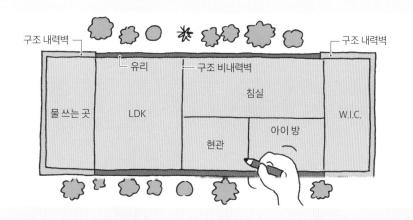

POINT   공통의 주의점

구조 검토 결과 하중·변형의 편중을 해소하기 위해 추가로
구조 내력벽을 설치할 필요가 생길 수도 있다.

단층집을 지으려면 내진 등급 3으로 만들어야 할까?

2층집에 비해 지진에 강한 단층집은 필요한 벽의 양도 적고 설계의 자유도도 높은 것이 매력이다. 물론 그렇다고 해도 안전을 확실히 담보하기 위한 지식은 당연히 필요하다.

2층집을 내진 등급 3으로 만들려면 건물의 외벽 중 대부분을 구조 내력벽으로 만들어야 하지만, 단층집이라면 벽 전체를 채우는 개구부도 실현할 수 있다. 또한 내진 등급을 2에서 3으로 높이기 위한 벽량 추가도 저렴한 가격으로 할 수 있다.

지진 리스크가 높아짐에 따라 지진 보험료율은 2021년 1월에 전국 평균 5.1퍼센트 인상되었다. 내진 등급 3이면 보험료가 절반으로 할인된다. 앞으로는 단층집도 내진 등급 3을 확보할 필요가 있다.

지진력에 대한 필요 벽량(건축기준법 시행령 46조 4항 표2)

건물	바닥 면적에 곱하는 수치(cm/㎡)	
가벼운 지붕	11	15 / 29
무거운 지붕	15	21 / 33

주: 특정 행정청이 지정한 연약 지반 구획의 경우는 1.5배로 한다.

(**POINT**)

단층집은 벽량이 적어도 된다

지진에 견디기 위해 필요한 벽량을 비교하면, 단층집에서 필요한 벽량은 2층집 1층 부분의 절반 이하다. 때문에 단층집은 구조의 자유도가 매우 높다.

(**POINT**)

등급 3은 지진 보험료가 반액

지진에 따른 손해를 보상받으려면 지진 보험에 가입해야 한다. 지진 보험료는 내진 등급별로 할인이 된다. 적용 조건은 지진 보험 창구에서 확인하기 바란다.

	내진 등급 1	내진 등급 2	내진 등급 3
지진력	1배	1.25배	1.5배
지진 보험 할인율	10%	30%	50%

(**POINT**)

+5만 엔이면 내진 등급 3도 가능

단층집은 기존의 구조 내력벽 중 일부에 가새를 증설하거나 내력 면재에 못을 촘촘하게 막는 등의 방법을 통해 내진 등급을 2에서 3으로 높일 수 있다.

내진 등급 2

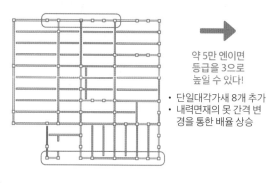

약 5만 엔이면 등급을 3으로 높일 수 있다!

- 단일대각가새 8개 추가
- 내력면재의 못 간격 변경을 통한 배율 상승

내진 등급 3

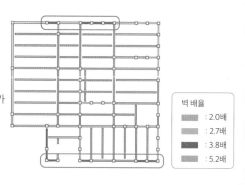

벽 배율
- : 2.0배
- : 2.7배
- : 3.8배
- : 5.2배

내진 등급 3이어도 건물의 바깥 둘레를 개방적으로 만들 수 있다

단층집으로 지으면 내진 등급 3을 충족시키면서도 커다란 개구부나 개방감 넘치는 공간을 만들 수 있다. 이 단층집은 건물 중앙에 코어를 설치하고 외벽 부분에 내력벽을 균형 있게 배치해 남쪽의 LDK에 대형 개구부를 실현했다.

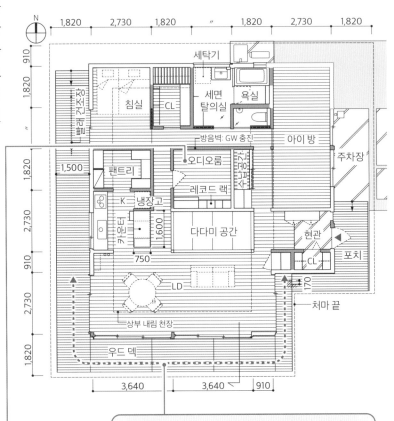

- - - ▶ : 새시 범위
▢ : 구조 내력벽

평면도[S=1:200]

건물 중앙 부분에는 방음벽으로 둘러싸인 오디오룸이 있다. 이 방을 둘러싸듯이 복도를 설치해 효율적인 회유 동선을 만들었다.

부지 주변의 자연 환경을 즐길 수 있도록 LDK의 세 방향에 높이 2,400mm, 합계 길이 12,740mm의 알루미늄 수지 복합 단열 새시를 설치했다.

널찍한 LDK. 정원과의 연결성이 강한 제2의 거실로 활용할 수 있도록 건물 주위의 처마 밑에 우드 덱을 설치했다.

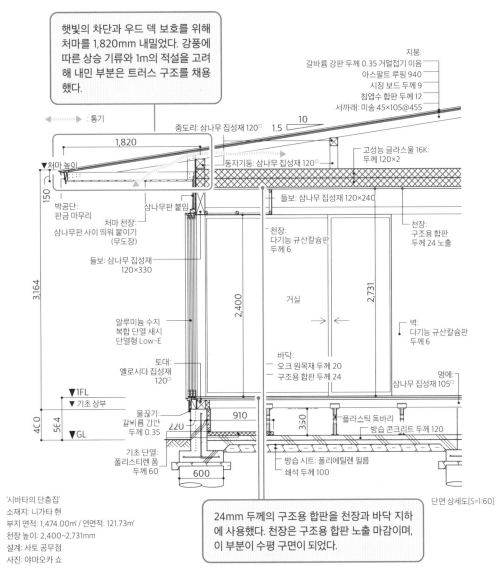

햇빛의 차단과 우드 덱 보호를 위해 처마를 1,820mm 내밀었다. 강풍에 따른 상승 기류와 1m의 적설을 고려해 내민 부분은 트러스 구조를 채용했다.

◀┄┄┄┄┄▶ : 통기

지붕:
갈바륨 강판 두께 0.35 거멀접기 이음
아스팔트 루핑 940
시징 보드 두께 9
침엽수 합판 두께 12
서까래: 미송 45×105@455

중도리: 삼나무 집성재 120□

1,820

1.5 10

▼처마 높이

150

동자기둥: 삼나무 집성재 120□

고성능 글라스울 16K:
두께 120×2

박공단:
판금 마무리

삼나무판 붙임

들보: 삼나무 집성재 120×240

처마 천장:
삼나무판 사이 띄워 붙이기
(무도장)

천장:
다기능 규산칼슘판
두께 6

천장:
구조용 합판
두께 24 노출

들보: 삼나무 집성재
120×330

2,400

거실

2,731

3,164

벽:
다기능 규산칼슘판
두께 6

알루미늄 수지
복합 단열 새시
단열형 Low-E

토대:
옐로시다 집성재
120□

바닥:
오크 원목재 두께 20
구조용 합판 두께 24

멍에:
삼나무 집성재 105□

▼1FL
▼기초 상부

▼GL

물끊기:
갈바륨 강판
두께 0.35

910

350

플라스틱 동바리

방습 콘크리트 두께 120

4CO

5E4

220

600

기초 단열:
폴리스티렌 폼
두께 60

방습 시트: 폴리에틸렌 필름

쇄석 두께 100

단면 상세도[S=1:60]

'시바타의 단층집'
소재지: 니가타 현
부지 면적: 1,474.00㎡ / 연면적: 121.73㎡
천장 높이: 2,400~2,731mm
설계: 사토 공무점
사진: 야마오카 쇼

24mm 두께의 구조용 합판을 천장과 바닥 지하에 사용했다. 천장은 구조용 합판 노출 마감이며, 이 부분이 수평 구면이 되었다.

고민

온열 환경

여름에는 시원하고 겨울에는 따뜻한 단층집으로 만들려면?

지면과의 거리가 가까운 단층집의 진가는 정원의 식재나 빛·바람 등의 외부 환경을 적절히 실내로 끌어들일 때 비로소 발휘된다. 그러나 같은 바닥 면적을 기준으로 비교할 경우 단층집은 외벽 면적이나 지붕 면적이 2층집보다 넓어지기 때문에 열손실이 크다는 난점이 있다. 2층집에 비해 따뜻한 기운이 상승하기 쉽고 수평 방향으로는 잘 이동하지 않는 것도 그 이유 중 하나다.

단층집을 지을 때는 외피의 단열 성능과 개구부의 기밀 성능을 충분히 확보해 온열 환경을 갖추는 것이 바람직하다. 또한 실내의 공기 용적을 작게 만들어 열손실이나 냉난방의 공기 용적을 줄이고, 문이 없는 원룸으로 만들거나 바닥 밑 공간을 난방에 이용하는 등의 고민도 필요하다.

POINT

천장 높이를 낮게 억제한다

천장 높이를 2,200밀리미터 정도로 낮춰서 공기 용적을 작게 만들면 환기나 냉난방의 에너지 소비량이 줄어들어 적은 에너지로도 쾌적한 실온을 유지할 수 있다.

POINT

회유식 원룸으로 만든다

각 방의 냉난방을 개별적으로 하면 집 전체의 온열 환경이 불균질해지기 쉽다. 회유식 원룸을 채용하면 온기나 냉기가 순환해서 온열 환경이 균질해지며, 히트 쇼크*도 방지할 수 있다.

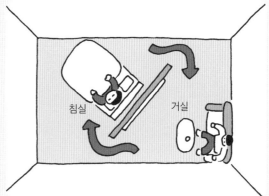

POINT

바닥 밑 공간을 난방의 챔버**로 삼는다

난방을 하면 온기는 기본적으로 아래에서 위로 이동한다. 따라서 바닥면을 덥히면 쾌적한 온열 환경을 효율적으로 만들 수 있다. 그러나 단층집은 1층의 바닥 면적이 넓기 때문에 기초 자체를 따뜻하게 덥히는 축열 난방을 채용하면 전기 요금이 비싸진다. 단열 처리를 한 바닥 밑 공간을 에어컨으로 덥히면 실내의 온도를 효율적으로 높일 수 있다.

* 급격한 온도 변화로 인한 혈압 급변으로 실신하는 증상.
** 공기의 혼합을 목적으로 공기를 흘려보내는 덕트의 중간에 설치하는 상자 형태의 설비.

창호의 높이는 천장까지

Q값*이 1W/m²·K 미만이 되면 실내의 추위·더위가 신경 쓰이지 않는 경우가 많으니 단열은 이 성능을 목표로 삼자. 또한 기성품 새시의 높이에 맞춰 천장 높이를 2,200밀리미터로 만들면 공기 용적이 줄어들어 에너지 손실을 억제할 수 있다. 그리고 내부 창호는 천장 높이까지 닿게 하면 공기가 머물지 않고 집 전체로 흘러 균질한 온열 환경을 만들기 쉬워진다.

복도에서 주방과 그 너머의 식당을 바라본 모습. 개구부는 아르곤가스를 주입한 삼중 유리이며, 단열성과 질감을 고려해 목재 새시를 사용했다.

천장까지 닿는 격자문으로 구분된 현관 토방과 식당. 장지문을 활짝 열어 놓으면 현관 토방에 있는 장작 난로의 온기가 식당 쪽으로 흘러들어가 온열 환경이 균일해진다.

> 주방의 벽걸이 에어컨 1대로 작업실을 제외한 약 60㎡의 냉방을 해결하고 있다. 작업실은 복사 냉난방 패널을 사용한다.

> 난방 설비로는 현관 토방의 장작 난로와 히트 펌프식 온수난방을 채용했다. 온수는 현관 토방 바닥의 배관과 벽 설치형 온수식 복사 패널로 흘려보낸다.

평면도[S=1:250]

> 겨울이 추운 지역인 모리오카 시에 지어진 주택이다. 난방이나 조리에도 가스 대신 전기를 사용하지만, 전기 요금은 혹한기에도 3만 엔 정도다.

여름철에는 햇빛을 차단하고 겨울철에는 햇빛을 실내로 끌어들일 수 있도록 남쪽 개구부 위의 처마 안길이를 태양 고도에 맞춰 조정했다.

* 열 손실로 인해 필요해지는 에너지의 양을 평가하는 지표. 열손실계수라고 한다. 총열손실량을 바닥 면적으로 나눠서 구한다.

높이를 억제해 옆으로 쭉 뻗은 모습에서 단층집 특유의 아름다움이 느껴진다.

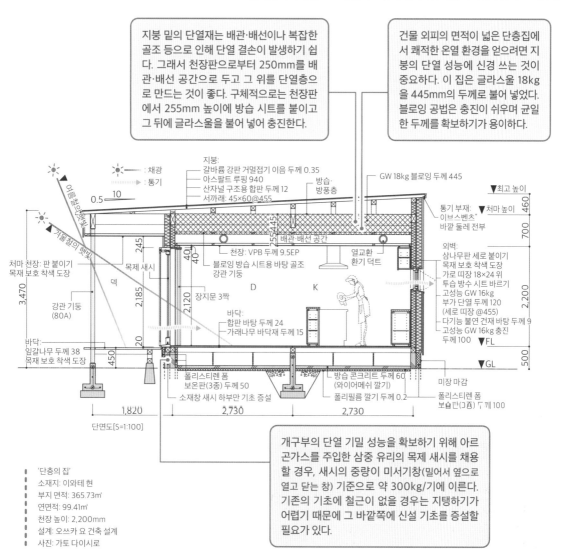

지붕 밑의 단열재는 배관·배선이나 복잡한 골조 등으로 인해 단열 결손이 발생하기 쉽다. 그래서 천장판으로부터 250mm를 배관·배선 공간으로 두고 그 위를 단열층으로 만드는 것이 좋다. 구체적으로는 천장판에서 255mm 높이에 방습 시트를 붙이고 그 뒤에 글라스울을 불어 넣어 충진한다.

건물 외피의 면적이 넓은 단층집에서 쾌적한 온열 환경을 얻으려면 지붕의 단열 성능에 신경 쓰는 것이 중요하다. 이 집은 글라스울 18kg을 445mm의 두께로 불어 넣었다. 블로잉 공법은 충진이 쉬우며 균일한 두께를 확보하기가 용이하다.

:채광
:통기

지붕:
갈바륨 강판 거멀접기 이음 두께 0.35
아스팔트 루핑 940
산자널 구조용 합판 두께 12
서까래: 45×60@455

방습·방풍층

GW 18kg 블로잉 두께 445

▼최고 높이
▼처마 높이

통기 부재:
이브스벤츠*
바깥 둘레 전부

통기 부재: 이브스벤츠* 바깥 둘레 전부

배관·배선 공간

천장: VPB 두께 9.5EP
블로잉 방습 시트용 바탕 골조
강관 기둥

열교환 환기 덕트

외벽:
삼나무판 세로 붙이기
목재 보호 착색 도장
가로 띠장 18×24 위
투습 방수 시트 바르기
고성능 GW 16kg
부가 단열 두께 120
(세로 띠장 @455)
다기능 불연 건재 바탕 두께 9
고성능 GW 16kg 충진
두께 100

처마 천장: 판 붙이기
목재 보호 착색 도장

덱

목제 새시

장지문 3짝

D

K

▼FL

바닥:
합판 바탕 두께 24
가래나무 바닥재 두께 15

강관 기둥
(80A)

바닥:
잎갈나무 두께 38
목재 보호 착색 도장

▼GL

폴리스티렌 폼
보온판(3종) 두께 50
소재창 새시 하부만 기초 증설

방습 콘크리트 두께 60
(와이어메쉬 깔기)
폴리필름 깔기 두께 0.2

미장 마감

폴리스티렌 폼
보온판(3종) 두께 100

1,820   2,730   2,730

단면도[S=1:100]

개구부의 단열 기밀 성능을 확보하기 위해 아르곤가스를 주입한 삼중 유리의 목제 새시를 채용할 경우, 새시의 중량이 미서기창(밀어서 옆으로 열고 닫는 창) 기준으로 약 300kg/기에 이른다. 기존의 기초에 철근이 없을 경우는 지탱하기가 어렵기 때문에 그 바깥쪽에 신설 기초를 증설할 필요가 있다.

'단층의 집'
소재지: 이와테 현
부지 면적: 365.73㎡
연면적: 99.41㎡
천장 높이: 2,200mm
설계: 오쓰카 요 건축 설계
사진: 가토 다이시로

097

공간을 나누지 않고 원룸으로 만들어 전체를 덥힌다

부부 2명이 생활하는 공간이기도 해서 배리어프리를 실현한 작은 원룸 스타일의 단층집으로 만들었다. 문을 설치해서 공간을 나누지 않았기 때문에 공간이 넓게 느껴지며 난방 효율이 좋다는 것도 장점이다. 분산 배치한 온수식 복사 패널이 건물 전체를 균일하게 덥혀 준다.

실내에서 남쪽을 바라본 모습. 앞에 보이는 비스듬한 벽은 회유 동선을 만들 뿐만 아니라 구조상의 내력벽과 벽 설치형 온수식 복사 패널, 책장 등의 기능을 겸하고 있다.

'집 안에 추운 곳을 만들지 않는' 것은 홋카이도에서 일반적인 발상이다. 그래서 화장실이나 세면실에도 난방 설비를 설치한다. 이 집은 단열·기밀 성능을 충분히 확보하고 태양광을 활용하여 열원을 균형 있게 분산 배치함으로써 건물 전체가 적당히 따뜻한 온도를 유지하도록 설계되었다.

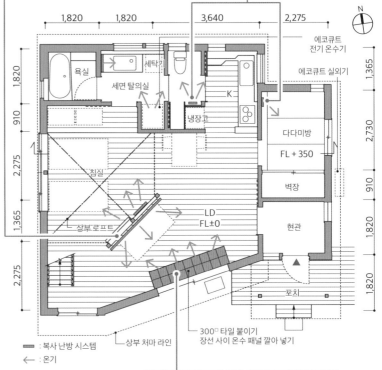

에코큐트 전기 온수기

에코큐트 실외기

욕실
세면 탈의실
세탁기
K
냉장고
다다미방
FL + 350
벽장
침실
상부 로프트
LD
FL±0
현관
포치

■— : 복사 난방 시스템
← : 온기

상부 처마 라인

300ㅁ 타일 붙이기
장선 사이 온수 패널 깔아 넣기

평면도[S=1:150]

높이 3,630mm의 개구부를 남쪽에 설치했다. 저방사 유리와 수지 새시를 채용했지만, 약간의 콜드 드래프트*가 예상되었기 때문에 그 개구부 주위만 온수 바닥 난방 패널을 깐 타일 바닥으로 만들었다.

주방에서 거실 너머로 남쪽의 대형 개구부를 바라본 모습. 개구부 상부에 처마가 튀어나와 있어서 여름철의 햇빛을 적당히 차단해 준다. 한편 겨울철에는 실내 깊은 곳까지 햇빛이 들어오기 때문에 1년 내내 적당한 온열 환경이 유지된다.

원룸의 공간을 나누는 비스듬한 벽. 벽면뿐만 아니라 새시 옆 바닥에도 온수식 복사 패널이 매설되어 있다. 유리를 통해서 들어오는 한기를 없애 줌으로써 과도하게 실온을 높이지 않아도 쾌적함을 유지한다.

식당과 다다미방의 천장 높이 차이를 이용해 고창을 설치했다. 아침 햇살이 식당으로 들어온다.

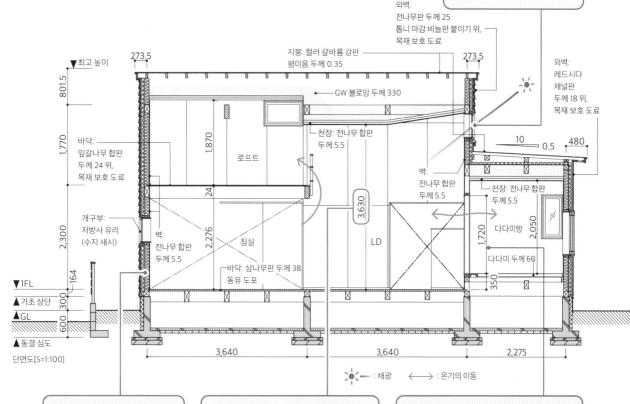

외벽:
전나무판 두께 25
톱니 마감 비늘판 붙이기 위,
목재 보호 도료

지붕: 컬러 갈바륨 강판
평이음 두께 0.35

외벽:
레드시다
채널판
두께 18 위,
목재 보호 도료

▼ 최고 높이

273.5   273.5

801.5

GW 블로잉 두께 330

1,770

10   0.5   480

바닥:
잎갈나무 합판
두께 24 위,
목재 보호 도료

1,870

로프트

천장: 전나무 합판
두께 5.5

벽:
전나무 합판
두께 5.5

천장: 전나무 합판
두께 5.5

24

3,630

다다미방

2,050

1,720

개구부:
저방사 유리
(수지 새시)

2,276

2,300

벽:
전나무 합판
두께 5.5

침실

LD

다다미 두께 60

다다미방

바닥: 삼나무판 두께 38
동유 도포

350

▼ 1FL

164

▲ 기초 상단   300

▲ GL   600

▲ 동결 심도

단면도[S=1:100]

3,640   3,640   2,275

☀— : 채광   ←→ : 온기의 이동

벽의 부가 단열로는 고성능 글라스울 24kg을 충진한 다음 두께 50mm의 글라스울 보드를 붙였다. 또한 천장에 330mm 두께로 글라스울을 불어 넣었다.

1.5층 높이의 거실·식당에서는 벽 설치형 온수식 복사 패널을 사용해 사람이 있는 범위를 효과적으로 덥힌다. 에어컨을 사용할 경우 천장이 높으면 온기가 상부에 고이기 때문에 온수식 복사 패널 등이 효과적이다.

다다미방은 바닥을 350mm 높이고 개구부의 높이를 1,720mm로 억제함으로써 '별체'와 같은 느낌을 줬다. 디디미방에도 소형 온수식 복사 패널을 설치했다. 혹한기를 제외하면 만져도 뜨겁지 않을 정도의 온수로 난방을 해도 충분하다.

'가미노포로의 집'
소재지: 홋카이도
부지 면적: 238.52㎡ / 연면적: 84.01㎡
천장 높이: 1,330~3,630mm
설계: 오이카와 아쓰코 건축 설계실
사진: 오이카와 아쓰코 건축 설계실

• 겨울철의 야간 등 외부의 기온이 낮을 때 창유리의 실내 쪽이 차가워져 유리 부근의 공기가 식으면서 생기는 하강 기류

바닥 밑 공간을 효과적으로 활용한다

단층집의 경우, 기초벽 부분의 바닥 밑 공간을 챔버(상자 형태의 장치)로 이용하면 건물 전체를 효율적으로 덥힐 수 있다. 챔버로 기능시키기 위해서는 바닥 밑 공간의 기밀 성능이 매우 중요하다. 기초 단열과 토대 아래의 기밀 패킹에도 분사 단열이 필요해진다.

복도 수납공간 하부에 에어컨을 설치하고 루버로 감췄다. 에어컨이 바닥 위의 공기를 빨아들여서 바닥 밑 공간에 온기를 뿜어내는 구조다.

바닥의 송풍구에는 루버를 설치해 바닥 밑 온기가 실내로 올라오게 한다. 또한 급기 팬을 사용해 바닥 밑의 냉기를 실내 쪽으로 끌어올리면 냉방에도 사용할 수 있다.

: 에어컨 본체
: 바닥 송풍구
평면도[S=1:200]

저녁의 외관. 개구부 상부의 처마는 여름철의 햇빛을 차단하는 효과도 있다.

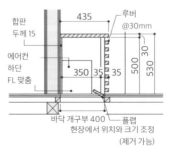

바닥 에어컨 설치 단면 상세도
[S=1:40]

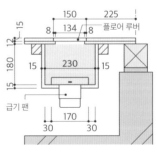

바닥 송풍구 설치 단면 상세도
[S=1:20]

자연광이 가득한 거실. 개구부의 발밑에 있는 바닥 송풍구에서 나오는 온기가 그대로 천장으로 올라가 버리지 않도록 개구부 상단에 맞춰 내림 천장을 설치했다.

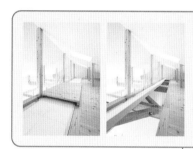

여름철에는 실내의 열기를 중력 환기로 배출한다. 이 집은 로프트의 천창을 이용해 1층의 열기를 내보낸다. 침실 1에서는 천장의 일부를 개폐식으로 만들어 1층에서 로프트 위의 천장으로 이어지는 통풍 경로를 확보했다. 왼쪽 사진은 닫은 상태, 오른쪽 사진은 연 상태다.

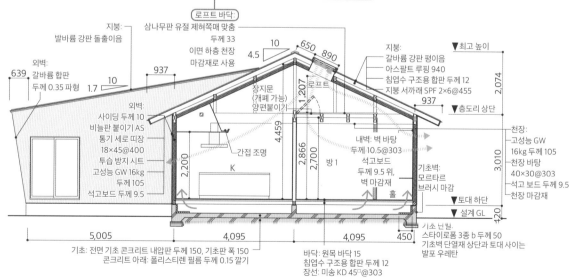

로프트 바닥:
삼나무판 유절 제혀쪽매 맞춤
두께 33
이면 하층 천장
마감재로 사용

지붕:
발바륨 강판 돌출이음

외벽:
갈바륨 합판
두께 0.35 파형

외벽:
사이딩 두께 10
비늘판 붙이기 AS
통기 세로 띠장
18×45@400
투습 방지 시트
고성능 GW 16kg
두께 105
석고보드 두께 9.5

장지문
(개폐 가능)
양편붙이기

간접 조명

K

639
10
1.7
937
10
4.5
650
890
1,207
로프트
937

지붕:
갈바륨 강판 평이음
아스팔트 루핑 940
침엽수 구조용 합판 두께 12
지붕 서까래 SPF 2×6@455

▼최고 높이
2,074

▼층도리 상단

내벽: 벽 바탕
두께 10.5@303
석고보드
두께 9.5 위,
벽 마감재로

방 1

기초벽:
모르타르
브러시 마감

천장:
고성능 GW
16kg 두께 105
천장 바탕
40×30@303
석고 보드 두께 9.5
천장 마감재

3,010

▼토대 하단
▼설계 GL
420

홀

4,459
2,200
2,866
2,700
2,700

5,005
4,095
4,095
450

기초: 전면 기초 콘크리트 내압판 두께 150, 기초판 폭 150
콘크리트 아래: 폴리스티렌 필름 두께 0.15 깔기

바닥: 원목 바닥 15
침엽수 구조용 합판 두께 12
장선: 미송 KD 45□@303

기초 빈틈:
스타이로폼 3종 b 두께 50
기초벽 단열재 상단과 토대 사이는
발포 우레탄

⟶ : 바닥 송풍구에서 나오는 공기
⇢ : 통풍

AS: 아크릴 실리콘 수지 에나멜 도장

단면도[S=1:150]

'skat'
소재지: 도치기 현 / 부지 면적: 327.06㎡
연면적: 122.14㎡ / 천장 높이: 2,200~4,459mm
설계: 폴라스타 디자인 / 시공: 이케다 공무점
사진: 도미노 히로노리

파사드를 아름답게 디자인하려면?

수평 방향으로 쭉 뻗은 외관의 라인은 단층집의 매력 중 하나다. 기본적으로는 층 높이와 처마 높이를 가급적 낮게 억제하고 옆으로 길게 뻗도록 외관을 설계하면 아름다운 단층집이 된다.

높이를 낮춘 처마의 끝이 최대한 얇아 보이도록 만들면 세련된 인상을 준다. 단층집의 처마 끝은 집 앞을 지나가는 사람의 눈높이와 가까우므로 처마의 수평 라인이 아름답게 보이도록 디테일까지 의식해서 설계하는 것이 바람직하다.

외쪽지붕의 경우 도로와 인접한 쪽을 낮추면 집의 얼굴이 되는 파사드(정면)의 높이가 억제되어 조신하면서도 고급스러운 인상을 주며, 건물의 볼륨이 느껴지지 않고 거리와 조화를 이루는 주택이 된다. [야시마 마사토시·야시마 유코]

(POINT)

지붕 끝이 얇아 보이게 한다

단층집은 처마를 깊게 내는 경우가 많은데, 강도를 얻기 위해 처마를 두껍게 만들면 촌스러워 보이기 쉽다. 처마돌림을 낮추는 등의 방법을 통해 지붕이 경쾌해 보이도록 만들자.

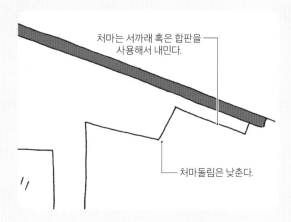

처마는 서까래 혹은 합판을 사용해서 내민다.

처마돌림은 낮춘다.

(POINT)

파사드의 높이를 억제한다

다층집에 비해 단층집은 평면적인 볼륨이 커진다. 거리에 위압감을 주지 않도록 파사드의 높이를 억제해 집이 작아 보이게 만들 것을 추천한다.

높음

낮음

도로

(POINT)

수평 라인을 강조하면서 발밑을 띄운다

주위에 다층집이 많으면 거리에서 볼 때 단층집이 가라앉아 보이는 경우도 종종 있다. 그럴 때는 높은 기초를 채용해 도로면으로부터 1미터 정도 높여서 지을 것을 추천한다. 바닥 밑 부분의 통기가 확보되어 습기 대책도 될 뿐만 아니라 담장 없이도 도로에서의 시선을 어느 정도 차단할 수 있다.

발밑을 띄운다.

높은 기초와 처마로 수평 라인을 강조한다

주변 주택이 거의 담장을 세우지 않은 개방적인 거리에 단층집을 지을 때의 포인트는 거리의 분위기와 조화를 이루면서도 어떻게 프라이버시를 확보하느냐에 달려 있다. 이 집은 기초를 높게 쌓아 도로에서의 시선을 느슨하게 차단했다. 또한 바닥 높이가 높아짐에 따라 부유감과 함께 지붕과 바닥 양쪽이 수평 라인을 강조하는 디자인이 완성되었으며, 여기에 기초에서 튀어나온 콘크리트 테라스가 수평 라인을 더욱 부각시켰다.

도로에서 동쪽 벽면의 파사드를 본 모습. 기초를 동쪽 벽면으로부터 1,300mm 정도 안쪽으로 집어넣고 남쪽에 테라스를 돌출시킨 결과 건물이 마치 떠 있는 듯이 보인다. 건물 주위에는 빗물과 방범을 고려해 자갈을 깔았다.

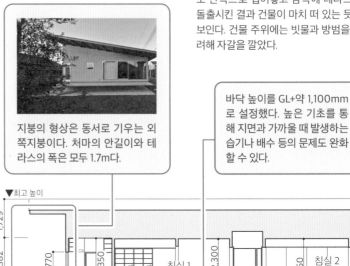

지붕의 형상은 동서로 기우는 외쪽지붕이다. 처마의 안길이와 테라스의 폭은 모두 1.7m다.

바닥 높이를 GL+약 1,100mm로 설정했다. 높은 기초를 통해 지면과 가까울 때 발생하는 습기나 배수 등의 문제도 완화할 수 있다.

단면도[S=1:200]

거실의 개구부 하단은 FL±0으로, 바깥 경치를 최대한 실내로 끌어들인다.

평면도[S=1:300]

'다테야마의 집'
소재지: 지바 현 / 부지 면적: 333.61㎡
연면적: 112.06㎡ / 천장 높이: 2,200~2,800mm
설계: 야시마 건축 설계 사무소
사진: 가와베 아키노부

방형지붕으로 사방 어디에서나 아름다운 모습을 보인다

지붕 형상을 방형으로 만들면 모든 방향에서 볼륨을 억제할 수 있기에 주위에 주는 압박감을 줄일 수 있으며, 그 결과 건물을 거리와 조화시키기가 용이해진다. 이 주택은 약 15미터×15미터의 부지 북동쪽에 약 10미터×10미터의 방형지붕 단층집을 배치하고, 여백 부분에 자동차 3대를 세울 수 있는 주차장과 정원을 설치했다. 또한 바닥 높이를 전면 도로보다 약 1미터 높이고 처마를 깊게 내서 프라이버시를 확보했다.

바닥 높이를 전면 도로보다 1m 높이고, 현관 앞에 마치 떠 있는 것처럼 보이는 계단을 설치했다.

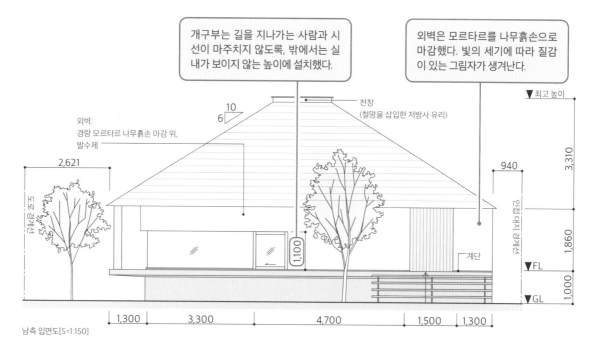

개구부는 길을 지나가는 사람과 시선이 마주치지 않도록, 밖에서는 실내가 보이지 않는 높이에 설치했다.

외벽은 모르타르를 나무흙손으로 마감했다. 빛의 세기에 따라 질감이 있는 그림자가 생겨난다.

외벽:
경량 모르타르 나무흙손 마감 위, 발수제

천창
(철망을 삽입한 저방사 유리)

▼최고 높이

3,310

940

1,860

2,621

도로 경계선

인접 대지 경계선

1:100

계단

▼FL

▼GL

1,000

1,300 3,300 4,700 1,500 1,300

10
6

남측 입면도[S=1:150]

프라이버시를 보호하기 위해 실내 창문을 낮은 위치에 설치해 외부를 지나다니는 사람들의 시선이 들어오지 않게 했다.

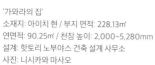

'가와라의 집'
소재지: 아이치 현 / 부지 면적: 228.13㎡
연면적: 90.25㎡ / 천장 높이: 2,000~5,280mm
설계: 핫토리 노부야스 건축 설계 사무소
사진: 니시카와 마사오

남쪽 면의 파사드. 남서쪽 모서리를 향해 높이 1,100mm의 개구부를 설치해 수평 방향의 공간을 강조했다. 파사드의 처마 밑은 폭 약 1.3m의 테라스로, 처마가 햇빛을 적당히 막아 줘서 편안한 툇마루 공간이 되었다.

고민
―
방범

프라이버시와 방범 문제를 해결하려면 어떻게 해야 할까?

단층집은 테라스에서 정원, 도로로 시야와 동선이 수평하게 펼쳐져서 '개방감이 있는 넓은 집'을 실현할 수 있지만, 반면에 같은 시선 높이의 이웃이나 도로에서 실내가 들여다보이거나 침입의 우려가 있다는 문제가 있다. 이런 점에 어떻게 대처하느냐가 과제로 남는다.

건물을 담장으로 완전히 둘러싸면 프라이버시는 확보할 수 있지만 외부에서 봤을 때 폐쇄적인 인상을 줄 뿐만 아니라 사각이 생겨서 방범 리스크가 높아진다. 따라서 식재나 루버 등을 시선 차단용으로 사용하면 외부의 시선을 일정 수준 통과시키면서 사각을 없앨 수 있다.

채광이나 통풍을 위한 개구부도 방범이나 프라이버시를 고려하면서 섀시의 종류와 배치를 결정하자. [나가사와 도루]

POINT

외부의 시선을 지나치게 차단하지 않는다

담장 등으로 외부의 시선을 완전히 차단한 집은 오히려 도둑의 표적이 되기 쉽다. 외부의 시선을 적당히 받아들여 몸을 감출 수 있는 장소를 만들지 않도록 하자.

높은 위치의 창문

POINT

개구부의 종류와 위치에 주의한다

빈집 도둑은 문단속을 소홀히 한 문을 통해 들어오거나 유리를 깨고 침입하는 사례가 많다. 침입이 불가능한 크기 또는 위치에 개구부를 설치하거나 접합 유리를 사용하는 방법 등이 효과적이다.

POINT

중정을 효과적으로 활용한다

중정 쪽에 대형 개구부를 설치하면 통풍이나 채광을 위해 하루 종일 열어 놓아도 외부의 시선을 신경 쓸 필요가 없으며 방범상의 우려도 줄어든다.

외부의 시선을 차단하는 담장이나 울타리

루버로 외부의 시선을 적당히 받아들인다

L자형 주택(중정)을 계획했을 경우의 방범 대책으로, 바깥 정원을 둘러싸는 외벽 중 한 면을 루버로 만드는 방법이 있다. 이 단층집은 루버를 통해 외부의 시선이 적당히 들어오기 때문에 도둑이 침입하기 어렵다.

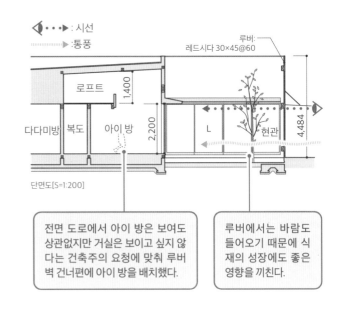

◁ ··▶ : 시선
▶ : 통풍

루버:
레드시다 30×45@60

로프트
1,400
다다미방 복도 아이 방 2,200 L 현관 4,484

단면도[S=1:200]

전면 도로에서 아이 방은 보여도 상관없지만 거실은 보이고 싶지 않다는 건축주의 요청에 맞춰 루버 벽 건너편에 아이 방을 배치했다.

루버에서는 바람도 들어오기 때문에 식재의 성장에도 좋은 영향을 끼친다.

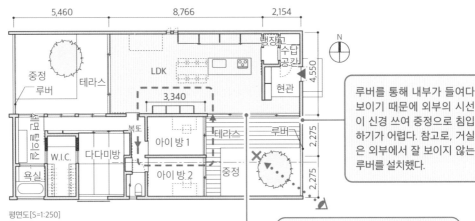

5,460 8,766 2,154

N

중정
루버 테라스
LDK
냉장고
계단공간
현관
4,550
3,340

W.I.C. 다다미방 복도 아이 방 1 테라스 루버 2,275
욕실 아이 방 2 중정 2,275

평면도[S=1:250]

루버를 통해 내부가 들여다 보이기 때문에 외부의 시선이 신경 쓰여 중정으로 침입하기가 어렵다. 참고로, 거실은 외부에서 잘 보이지 않는 루버를 설치했다.

LDK와 각 방을 중정과 인접하도록 배치하고 전부 중정을 향해 전면 개구부를 설치했다. 또한 거실·아이 방과 중정 사이에 테라스를 설치해 복도와 함께 회유 동선으로 삼았다.

내부의 빛이 루버를 통해 마치 사방등처럼 도로를 비추기 때문에 지역의 방범 효과도 높일 수 있다.

'sadaltager'
소재지: 도치기 현 / 부지 면적: 258.15㎡
연면적: 99.37㎡(다락: 10.36㎡)
천장 높이: 2,200~3,600mm
설계: 폴라스타 디자인
사진: 도미노 히로노리

동쪽 외관. 개구부를 좁힘으로써 프라이버시를 보호했다.

커튼이 필요 없는 코트하우스

중심에 중정을 배치한 미음자형 코트하우스. 중정 쪽에는 대형 개구부를 설치하고, 각 침실의 외벽 쪽에는 방범 효과가 있는 창문을 설치했다. 잠을 잘 때도 안심하고 열어 놓을 수 있기 때문에 양방향 통기가 가능하다.

남쪽 거실의 외벽 쪽 개구부에 접합 유리를 끼운 미서기문을 설치했다. 접합 유리뿐만 아니라 방범 필름을 유리에 붙이는 방법도 효과적이다.

각 침실의 외벽 부분 개구부로는 가로 들창(크기는 최대 500×1,190mm, 바닥에서 900~1,700mm 높이에 설치)을 사용했다. 일정 각도까지만 열리기 때문에 외부에서 침입할 우려가 없다.

중정과 인접한 대형 개구부를 통해 채광과 통풍을 확보할 수 있다.

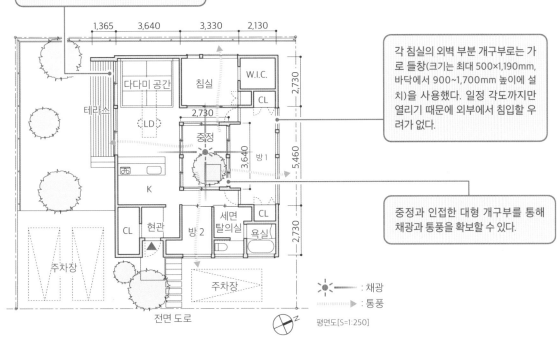

다다미 공간

침실

W.I.C.

CL

테라스

LD

중정

방 1

K

CL

CL

현관

방 2

세면 탈의실

욕실

주차장

주차장

전면 도로

1,365 3,640 3,330 2,130

2,730

2,730

3,640

5,460

2,730

☀ ⟶ : 채광
⟶ : 통풍

평면도[S=1:250]

중정에서 거실·식당과 침실을 바라본 모습.

'algedi'
소재지: 도치기 현
부지 면적: 238.53㎡
연면적: 88.19㎡
천장 높이: 2,050~2,400mm
설계: 폴라스타 디자인
시공: 사토 재목점
사진: 후지모토 가즈타카

모두가 편안하게 생활할 수 있는 다세대 단층집을 만들려면?

최근 들어 다세대 주택형 단층집의 인기가 높아지고 있다. 여러 세대가 함께 살기로 결정했다면 각자의 프라이버시를 확보하면서도 집안일이나 육아를 서로 도울 수 있는 이점을 살리고 싶기 마련이다.

이를 위해 세대의 관계를 고려하면서, 가능하다면 현관이나 거실·식당·주방, 물 쓰는 곳 등을 부분적으로 공유하는 구조를 추천한다. 이때 각 세대의 프라이버시 확보가 필요한 방은 중정을 사이에 두고 배치하자. 가령 디근자 형태의 주택을 설계할 경우, 밤에 창문에 비치는 불빛을 보고 부모 세대의 생활 리듬을 확인하거나 자식 세대의 아이들이 뛰어노는 모습을 중정 너머로 공유할 수 있게 하면 세대 간에 적당한 거리감과 안정감이 생긴다. [마쓰바라 마사아키]

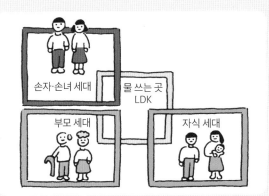

(POINT)

서로 도울 수 있는 세대 배치

다세대 주택에는 완전 분리형과 부분 공유형의 2종류가 있다. 물 쓰는 곳이나 거실·식당·주방을 공유하는 부분 공유형을 채택하면 건축 비용을 줄일 수 있을 뿐만 아니라 각 세대가 서로 도우며 생활할 수 있다.

(POINT)

중정을 통해 세대를 느슨하게 나눈다

공유할 수 있는 방과 설비는 각 세대가 공유하고, 붕 뜬 공간에 중정을 만드는 방법도 추천한다. 세대와 세대를 느슨하게 나누는 동시에 작은 정원도 공유할 수 있다.

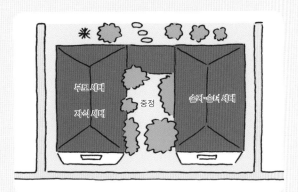

(POINT)

통로 토방으로 각 세대를 연결한다

현관 토방을 연장한 통로 토방으로 각 세대를 나누는 방식이다. 다른 세대의 공간을 통하지 않고 자신의 공간에 접근할 수 있기 때문에 프라이버시를 확보하기가 용이하다.

(POINT)

생활을 적당히 보여준다

디근자형 주택에서는 다른 세대가 생활하는 모습을 적당히 들여다볼 수 있다. 건물을 비스듬하게 배치해 창문이 정면으로 마주하지 않게 하고 식재를 심어 시선을 차단하면 세대 간에 적당히 거리를 두면서 생활할 수 있다.

3세대의
편안한 거리감

부지에 여유가 있을 때 단층집은 최적의 다세대 주택이 될 수 있다. 평면 공간에서 느슨하게 연결되면 부모, 자식, 손자의 3세대가 서로 편안한 거리감을 유지하며 생활할 수 있다. 이 단층집은 중정을 둘러싸듯이 디귿자 형태로 각 방을 배치하고 공용 현관에서 중정을 향해 통로 토방을 설치했다.

중정을 사이에 두고 서쪽에는 부모 세대와 자식 세대의 침실을, 동쪽에는 손자 세대의 침실을 배치했다. 중정을 설치해 각 세대를 느슨하게 나눴고, 동시에 녹색 식물도 즐길 수 있게 했다.

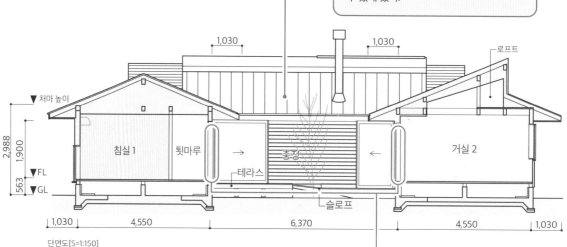

단면도[S=1:150]

침실 1(부모 세대)과 거실 2의 중정과 인접한 창문은 위치를 살짝 어긋나게 배치해, 서로의 기척을 전하면서도 들여다보이는 일은 없는 거리감을 만들었다.

각 세대의 사적 공간과 공용 공간을 통로 토방으로 느슨하게 연결해 집안일·육아·돌봄 등을 서로 도울 수 있는 환경이 만들어졌다.

거실 1에서 식당을 바라본 모습. 거실과 식당은 세 가족이 모이는 공용 공간이다. 거실과 식당 사이에 있는 기둥이 공간과 공간을 느슨하게 나눈다.

침실 1(부모 세대)에서 테라스를 바라본 모습. 중정을 통해 프라이버시를 지키면서도 손자 세대의 모습을 엿볼 수 있다. 소형견 2마리가 토방과 테라스를 자유롭게 뛰어다닐 수 있다는 이점도 있다.

침실 1(부모 세대)은 가족이 모이는 거실과 식당에서 가까운 장소에 배치했다. 화장실이나 욕실과도 직접 연결되어 있어 돌봄에도 적합하다.

주방 서쪽의 욕실 1, 탈의실, 세면실, 화장실은 기본적으로 부모 세대와 자식 세대가 함께 이용한다.

현관 토방 옆에는 각 세대가 함께 사용하는 별채 같은 다다미방을 설치했다.

현관 토방(통로 토방)에서 손자 세대의 공간을 바라본 모습. 침실 3(손자 세대)을 현관과 비스듬한 각도에 배치해 밖에서 직접 보이지 않게 했다. 또한 다른 세대의 침실 창문과도 정면으로 마주보지 않는다.

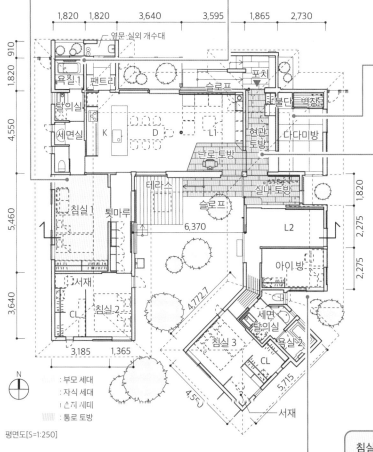

평면도[S=1:250]

: 부모 세대
: 자식 세대
: 손자 세대
: 통로 토방

침실 3(손자 세대)을 현관과 비스듬하게 배치해 아이 방과 욕실 2 사이에 공간이 생겼다. 이곳을 자투리 정원으로 만들어 화장실 2, 세면 탈의실, 욕실 2에서 자투리 정원으로 시선이 빠져나갈 수 있게 했다.

'아쓰기의 집'
소재지: 가나가와 현
부지 면적: 592.09㎡ / 연면적: 171.74㎡
(다락 4.14㎡) / 천장 높이: 2,160~2,890mm
설계: 기기 설계실
사진: 오쓰키 시게루

고민

배리어프리

여생을 보낼
안식처로서 단층집을
어떻게 지어야 할까?

자녀가 독립한 뒤에 여생을 보낼 안식처로 단층집의 인기가 높아지고 있다. 한 개의 층에서 모든 생활을 영위할 수 있는 단층집이라면 하체가 약해지거나 시력이 떨어져도 집 안을 돌아다니기 편하고, 계단을 오르내리다가 굴러 떨어질 염려도 없다.

일반적으로 배리어프리를 실현할 때는 높낮이 차이를 없애고 난간·미닫이문을 설치하며 복도의 폭을 넓히고 히트 쇼크 방지를 위해 온도차를 해소하는 등의 조치를 한다. 그러나 실제 노후 생활을 생각하면 더 많은 상황을 가정해야 한다. 돌봄을 외부에 위탁할 경우의 동선이나 물 쓰는 곳의 동선에 대한 고려, 앉아서 집안일 등을 하기 위한 방법도 필요하다. [가자마쓰리 지하루]

POINT

휠체어의 출입을
고려한다

폭이 넓은(1,820밀리미터 이상) 토방
이나 외부에서 실내까지 이어지는
기울기 1/12 정도의 슬로프를 설치
하면 휠체어를 타고도 타인의 도움
없이 출입하기 쉽다.

현관

진입로

1
12

POINT

앉은 채로 사용할 수
있는 설비

세면실이나 주방의 레이아웃·설비
를 할 때 몸단장이나 조리 작업을
의자에 앉은 채로 할 수 있도록 만
들어 놓으면 자신의 힘으로 생활하
는 데 도움이 된다.

다리를 집어넣는 공
간이 넓어서 휠체어
에 앉은 채로도 가까
이 붙어서 사용할 수
있는 세면대

POINT

침실 근처의 동선에 주의한다

침실을 세면실이나 화장실 등 물 쓰는 곳 근처에 배치하면 안
심할 수 있다. 또 자동차를 주차할 수 있는 공간에서 침실로 직
접 오갈 수 있게 만들면 외부에 돌봄을 위탁했을 때의 이동이
원활해진다.

침실
WC

현관에 **휠체어**를 놓을 수 있는 여유를 둔다

가족에게 돌봄이 필요해졌을 경우에 대비해 폭 1,820밀리미터의 넓은 현관 토방을 설치한 단층집이다. 돌보는 사람이 나란히 걸을 경우나 실외용과 실내용 휠체어를 현관 토방이나 홀에 놓았을 경우도 사람이 쉽게 지나다닐 수 있다.

입구에서 현관을 바라본 모습. 현관에는 난간과 벤치를 설치해 거주자가 나이를 먹어서 하체가 약해지더라도 가급적 혼자서 이동할 수 있도록 했다.

자다가 화장실에 가려고 일어났을 때, 조명 때문에 잠이 깨서 그대로 잠을 이루지 못하는 경우가 많다. 그런 상황을 막기 위해 조도가 높은 조명은 피했다. 또한 발밑에 보안등(1.5lx 정도)도 설치했다.

휠체어 옆으로 사람이 지나갈 수 있으려면 1,500mm 이상의 폭이 필요하다*. 현관 토방에서 휠체어를 바꿔 타지 않고 곧장 실내로 들어갈 때는 휠체어가 회전하기 쉽도록 1,800mm 이상의 폭을 확보해야 한다.

세면 탈의실과 워크인클로젯 사이 수납공간에 의자나 휠체어에 앉은 채로 사용할 수 있는 작업대를 설치했다.

- - - ▶ : 동선
평면도[S=1:200]

홀에서 화장실, 세면 탈의실, 침실, 거실까지 회유할 수 있다. 손님이 왔을 때도 침실에서 거실을 통과하지 않고 화장실에 갈 수 있다.

'구마모토의 집'
소재지: 구마모토 현
부지 면적: 206.75㎡ / 연면적: 83.63㎡
천장 높이: 2,150~3,475mm
설계: 가자마쓰리 건축 설계
시공: 주식회사 레지나
사진: 아라키 야스후미

* 〈고령자, 장애인 등의 원활한 이동 등을 고려한 건축 설계 기준〉(국토교통성)에 따르면 사람과 휠체어가 나란히 이동할 수 있는 폭은 1,500밀리미터 이상, 휠체어가 회전하기 용이한 폭은 1,800mm 이상이다.

슬로프형 테라스로 실내와 실외를 연결한다

거실·식당·주방과 침실을 둘러싸듯이 슬로프 형태의 테라스를 설치한 단층집이다. 이 테라스가 진입로의 역할도 한다. 바닥과 실내 덱의 단차도 40밀리미터로 작아서 돌보미가 있으면 휠체어로도 어려움 없이 실내와 실외를 오갈 수 있다.

집의 중심을 관통하는 넓은 실내 덱. 약 2.7m라는 충분한 폭을 확보해 돌보미와 휠체어가 나란히 이동하는 데도 전혀 어려움이 없다.

침실에서 화장실로 금방 이동할 수 있어 야간에도 안심할 수 있으며, 거실 쪽에서도 주방을 지나서 접근할 수 있어 손님이 왔을 때도 동선이 교차하지 않는다.

3,985 2,730 3,640 ,820 2,165

1,315 / 1,593 / 1,593 / 3,185 / 1,315

서비스룸 2

서비스룸 1

CL 다다미방

실내 덱

현관

냉장고 K

LD

WC

욕실

침실 CL

세탁기

슬로프

테라스

N

- - - ▶ : 동선

평면도[S=1:200]

장래에 가족의 돌봄이 필요해졌을 때를 대비해 화장실과 복도를 나누는 문을 떼어낼 수 있도록 만들었다. 떼어내면 돌봐주는 사람을 위한 공간이 생긴다.

진입로에서 테라스를 바라본 모습. 슬로프가 된 테라스는 유효폭이 1,170mm라서 휠체어를 탄 채로도 지나다닐 수 있다.

실내 덱을 중심으로 거실동과 서비스룸동을 동서로 나누고 두 동 모두 실내 덱을 향해 열어 놓아 프라이버시를 확보했다. 실내 덱을 향하는 개구부에 유리 미닫이문을 설치함에 따라 개방감 있는 공간이 되었다.

'실내 덱이 있는 집'
소재지: 오사카 부
부지 면적: 320.23㎡ / 연면적: 86.24㎡
천장 높이: 2,160~3,544mm
설계: 하세가와 설계 사무소
사진: 오가와 시게오

2

환경에 맞춘 단층집

주차장 지붕을 녹화한 '단층집 스타일'의 집

농촌에서는 '단층집에서 살고 싶어!'라고 생각해도 집 앞에 있는 농기계나 차량이 눈에 들어와서 신경이 쓰이는 경우가 많다. 이 집은 2층만 주거 공간으로 사용해 '단층집 스타일'로 방을 배치하고, 1층 주차장 지붕에 잔디를 심어 2층에서는 푸른 잔디만 보이도록 만들었다.

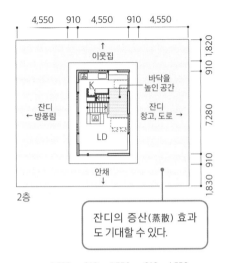

2층

> 잔디의 증산(蒸散) 효과도 기대할 수 있다.

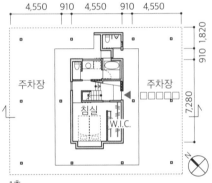

1층
평면도[S=1:400]

> 2층의 LDK에서는 마치 단층집 같은 '지면과 가까운 생활'을 할 수 있다.

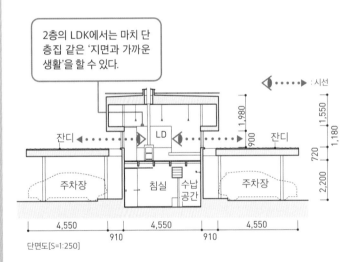

단면도[S=1:250]

'SPROUT'
소재지: 사이타마 현
건축 면적: 149.89㎡
연면적: 68.74㎡
설계: 스튜디오 아키팜
사진: 소바지마 도시히로[협력: TOTO(주)](왼쪽), 미네타 겐(오른쪽)

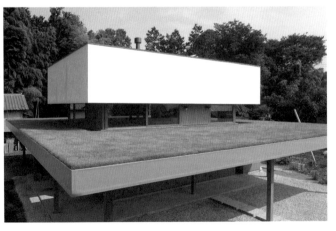

왼쪽: 2층 LDK의 가로창에서는 손이 닿는 높이에 푸른 잔디가 보인다. | 오른쪽: 차량을 비바람으로부터 보호하는 지붕 위에 잔디를 심은 1층 주차장. 잔디는 햇빛이 반사되는 것을 막고 증산 작용을 통해 일대를 시원하게 만들어 준다.

3장

거주 만족도를 높이는 단층집의 작은 테크닉

정원과 연결하는 방식이나 목욕탕의 위치 등 작은 차이가 단층집의 거주 만족도를 크게 높인다. 그런 포인트를 정리해서 소개한다!

작은 테크닉

—

정원

정원과의
거리감을 좁힌다

단층집을 희망하는 건축주는 거실·식당·주방을 나누지 않고 원룸 같은 배치를 선호하는 경우가 많다. 또한 정원을 그저 감상하기만 하는 공간이 아니라 밖에서 식사를 하는 등 일상적으로 사용할 수 있는 공간으로 만들고 싶어 하는 경우도 있다.

단층집은 어떤 방에서나 실외(정원)를 드나들기 쉬운데, 정원을 일상적으로 즐기려면 실내와 정원의 거리를 좁히는 장치가 필요하다. 구체적으로는 건물과 연속된 벽으로 정원을 둘러싼다거나, 테라스를 통해 실내와 정원을 느슨하게 연결하는 등의 방법이 있다.

POINT

건물에서 뻗어 나온
벽으로 둘러싼다

담장 등 건물과 연속되는 벽으로 정원을 둘러싸면 정원과 건물이 시각적으로 강하게 연결되었다고 느낄 수 있다.

POINT

재질이나 색감을
가깝게 맞춘다

높이를 자제한 테라스로 실내와 정원을 연결하면 더 가깝게 느껴진다. 실내 바닥재와 테라스의 질감 혹은 색감을 어울리게 하면 정원과 이어진 느낌이 더욱 강해진다.

정원과 어울리는 담장을 만들어 정원을 일상적으로 즐긴다

건물과 이어진 압박감 없는 난간 형태의 담장으로 정원을 둘러싸 정원과 실내의 심리적인 거리를 좁힌 단층집이다. 목제 미닫이문을 활짝 열면 벽 한쪽 면이 열리면서 실내외의 일체감이 더욱 높아진다.

위: 거실에서 정원을 바라본 모습
아래: 실내외의 연속성을 위해 외부 담장을 외쪽지붕의 기울기를 연장한 높이에 만들었다.

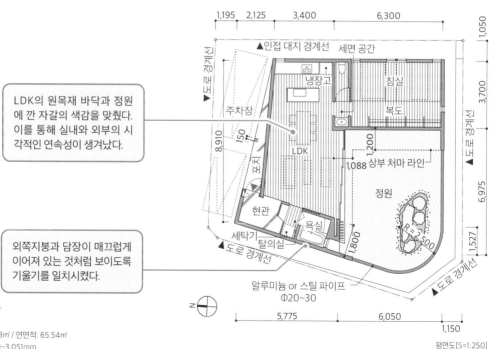

LDK의 원목재 바닥과 정원에 깐 자갈의 색감을 맞췄다. 이를 통해 실내와 외부의 시각적인 연속성이 생겨났다.

외쪽지붕과 담장이 매끄럽게 이어져 있는 것처럼 보이도록 기울기를 일치시켰다.

'다카라쓰카의 집'
소재지: 효고 현
부지 면적: 182.23㎡ / 연면적: 65.54㎡
천장 높이: 2,200~3,051mm
사진: 시모무라 야스노리

평면도[S=1:250]

중정+덱으로 정원과의 거리를 좁힌다

건물과 정원을 연결시킬 때는 중정이 효과적이다. 또한 정원과 실내를 더욱 잘 어울리게 만들고 싶을 때는 덱을 이용하는 방법도 추천한다. 덱 옆의 흙을 쌓아 올려 실내 바닥과의 단차를 250밀리미터 정도로 하면 실내와 정원이 한층 더 연결된 느낌이 든다.

장지문 등의 창호를 활짝 연 모습(위)과 닫아 놓은 모습(아래). 기분에 맞춰서 거실 분위기를 바꿀 수 있다.

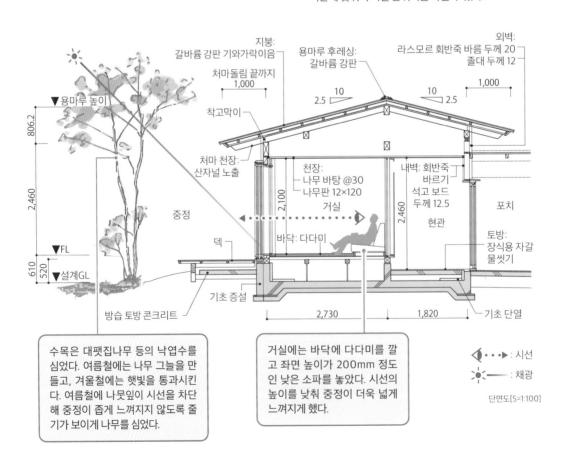

지붕:
갈바륨 강판 기와가락이음

용마루 후레싱:
갈바륨 강판

외벽:
라스모르 회반죽 바름 두께 20
졸대 두께 12

처마돌림 끝까지
1,000

1,000

착고막이

처마 천장:
산자널 노출

▼ 용마루 높이
806.2

천장:
- 나무 바탕 @30
- 나무판 12×120

거실

내벽: 회반죽
바르기
석고 보드
두께 12.5

포치

2,460

중정

2,100

2,460

덱

바닥: 다다미

현관

토방:
장식용 자갈
물씻기

▼ FL
610

▼ 설계GL
520

기초 증설

방습 토방 콘크리트

2,730

1,820

기초 단열

수목은 대팻집나무 등의 낙엽수를 심었다. 여름철에는 나무 그늘을 만들고, 겨울철에는 햇빛을 통과시킨다. 여름철에 나뭇잎이 시선을 차단해 중정이 좁게 느껴지지 않도록 줄기가 보이게 나무를 심었다.

거실에는 바닥에 다다미를 깔고 좌면 높이가 200mm 정도인 낮은 소파를 놓았다. 시선의 높이를 낮춰 중정이 더욱 넓게 느껴지게 했다.

◀ · · · ▶ : 시선

☀ ← : 채광

단면도[S=1:100]

현관에서 홀을 거쳐 공원을 바라본 모습. 부지 내 식재 너머로 공원의 수목을 보여줌으로써 홀에 원근감이 생겨난다.

> 수로 건너편은 공원이다. 그래서 공원의 수목을 차경으로 삼도록 건물을 계획했다.

> 건물과 정원 사이에 덱을 설치해 건물과 이어져 있는 느낌을 강조했다.

▼도로 경계선

외부 수납공간

주차장

포치

처마 라인

포치   현관

L

덱 1   약 1900

중정

덱 2

세면실

욕실

세탁기

냉장고

K

D

공부 코너

침실   아이방 1   아이 방 2

공원   수로

▶인접 대지 경계선

▲인접 대지 경계선

▲ 인접 대지 경계선

평면도[S=1:200]

N

'가미니시의 집'
소재지: 시즈오카 현
부지 면적: 252.91㎡
연면적: 101.97㎡
천장 높이: 2,100~3,100mm
설계: 오기 건축 공방
사진: 애드브레인

주방에서 중정을 바라본 모습. 안길이 약 1,900mm의 처마는 여름철에는 햇빛을 막아 주고 겨울철에는 햇빛이 실내로 들어오게 한다.

작은 테크닉

현관

단층집의
현관은 넓고 평평하게

단층집의 현관은 넓게 만드는 것이 정답이다. 일반적으로 현관의 넓이는 성인이 신발을 신고 벗을 수 있는 공간과 신발장을 놓을 공간을 합친 약 3.3제곱미터가 기준이 되지만, 단층집의 현관은 약 5~13제곱미터 정도로 넓히면 편리한 경우가 많다. 외부와 가까운 장점을 살리기 위해 거실에서 현관 밖까지 평평하게 연결할 것을 추천한다. 현관에 자전거나 미술품, 관엽식물을 놓거나 피아노를 두고 취미 공간처럼 이용해도 좋다. 생활과 밀착된 현관을 만들면 단층집의 매력은 더욱 커진다.

POINT

라이프스타일을
표현한다

넓은 현관의 포인트는 단순한 출입구가 아니라 건축주의 라이프스타일을 반영한 개성적인 공간으로 만드는 것이다.

현관도 거실처럼
깔끔하게

POINT

신발장의 수납량을
고려한다

현관을 깔끔하게 유지할 수 있도록 평소에 신는 신발은 수납할 수 있는 최소한의 신발장을 설치한다. 그 밖의 현관 수납물*은 별도의 보관 공간을 준비하자.

* 유모차, 휠체어, 레저 용품, 스포츠 용품, 청소 도구 등 토방에 놓아두기 쉬운 물건들

현관 토방을 거실로 삼는다

현관 토방을 넓게 만들면 거실처럼 사용할 수 있는 공간이 된다. 거실·식당의 넓이를 우선할 경우는 현관을 외부로 내고 평평하게 만들어도 된다. 현관의 넓이를 우선할 경우는 현관과 거실을 겸하는 구조를 추천한다.

신발장(사진 왼쪽)은 장지문과 높이를 맞추면 깔끔해 보인다.
천장에 닿는 높이여서 수납량도 충분하다.

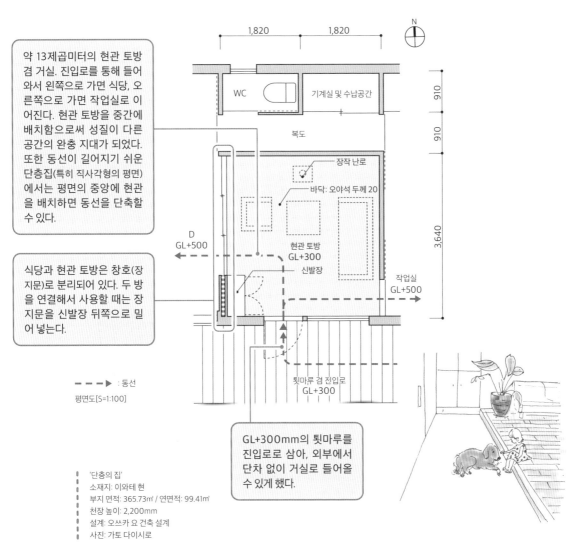

약 13제곱미터의 현관 토방 겸 거실. 진입로를 통해 들어와서 왼쪽으로 가면 식당, 오른쪽으로 가면 작업실로 이어진다. 현관 토방을 중간에 배치함으로써 성질이 다른 공간의 완충 지대가 되었다. 또한 동선이 길어지기 쉬운 단층집(특히 직사각형의 평면)에서는 평면의 중앙에 현관을 배치하면 동선을 단축할 수 있다.

식당과 현관 토방은 창호(장지문)로 분리되어 있다. 두 방을 연결해서 사용할 때는 장지문을 신발장 뒤쪽으로 밀어 넣는다.

- - - ▶ : 동선
평면도[S=1:100]

1,820   1,820

N

WC   기계실 및 수납공간

복도

장작 난로

바닥: 오야석 두께 20

910
910
3,640

D
GL+500

현관 토방
GL+300

신발장

작업실
GL+500

툇마루 겸 진입로
GL+300

GL+300mm의 툇마루를 진입로로 삼아, 외부에서 단차 없이 거실로 들어올 수 있게 했다.

'단층의 집'
소재지: 이와테 현
부지 면적: 365.73㎡ / 연면적: 99.41㎡
천장 높이: 2,200mm
설계: 오쓰카 요 건축 설계
사진: 가토 다이시로

125

현관 포치에서 직접 거실로

현관 포치에 현관 토방의 기능을 부여하면 단층집의 매력인 실내와 실외의 연결성이 커진다. 현관 토방을 밖으로 낸 면적만큼 거실·식당을 넓게 사용할 수 있게 되므로 작은 단층집에도 효과적인 설계다.

진입로에서 현관 포치를 바라본 모습. 사진 앞쪽 우측에 보이는 것이 신발장이다. 현관의 유리문은 거실·식당에 밝기와 개방감을 가져다준다. 이 현관은 부지 안쪽에 있기 때문에 유리문이지만 주위의 시선을 신경 쓸 필요가 없다. 야간에는 실내 쪽에 있는 세로 블라인드를 닫는다.

거실과 인접한 약 4㎡의 현관 포치. 밖으로 낸 포치는 원칙적으로 가장자리에서 1m 후퇴한 선으로 둘러싸인 부분을 건축 면적에 포함시키지만, 이 집은 가장자리에 기둥을 세웠기 때문에 전부 건축 면적에 포함된다. 또한 포치는 원칙적으로 바닥 면적에 포함되지 않는다.

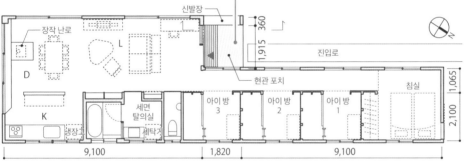

평면도[S=1:200]

현관에서 거실·식당을 바라본 모습

거실·주방에서 현관을 바라본 모습

지붕: 갈바륨 강판 두께 0.4 돌출이음

현관 포치에 깊은 처마를 설치하면 현관 토방을 겸할 수 있다. 나무 발판을 깔면 신발을 신고 벗기도 편하다. 유치원이나 초등학교의 널찍한 현관을 참고했다.

처마 천장: 구조용 합판+보 38×184 (투바이 목재) 노출 위, 목재 보호 도료

외벽: 플렉시블 보드 두께 6+6 비늘판 붙이기

현관포치

L

바닥: 앤티크 벽돌

신발장도 외부에 설치했다. 처마가 깊어서 비에 젖을 염려는 없다. 소재는 외벽과 같은 플렉시블 보드를 사용했다.

130

145

260

580

2,340

▼FL

▼GL

100　5

단면도[S=1:100]

나무 발판

1,820

'야시마의 집'
소재지: 가가와 현
부지 면적: 482.30㎡ / 연면적: 84.47㎡
천장 높이: 2,340~3,380mm
설계: 무코야마 건축 설계 사무소
사진: 요네즈 아키라

사람에게도 **반려견**에게도 편안한 **플랫 현관**

반려견과 함께 생활하는 집에서는 산책에서 돌아온 개의 발을 씻을 곳을 설치하면 매우 편하다. 정면 현관과는 별개로 아담한 뒷문을 설치해도 되지만, 정면 현관을 넓혀 사람에게나 반려견에게나 편안한 현관으로 만드는 방법도 추천한다.

마감재로 타일과 멜라민, 오염에 강한 비닐 시트 등을 활용해 기능성·청결성을 강화했다.

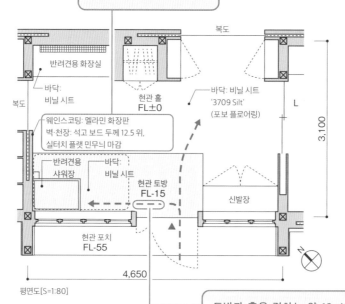

복도

반려견용 화장실

바닥: 비닐 시트

복도

현관 홀
FL±0

바닥: 비닐 시트
'3709 Silt'
(포보 플로어링)

L

3,100

웨인스코팅: 멜라민 화장판
벽·천장: 석고 보드 두께 12.5 위,
실터치 플랫 민무늬 마감

반려견용
샤워장

바닥:
비닐 시트

현관 토방
FL-15

신발장

현관 포치
FL-55

4,650

평면도[S=1:80]

청소가 쉽고 시원한 비닐 시트 바닥에서는 반려견도 편하게 쉴 수 있다(사진: 핫토리 노부야스 건축 설계 사무소).

토방과 홀을 겸하는 약 13㎡의 정면 현관. 토방과 홀의 단차가 15mm로 낮아서 반려견을 안은 채로도 안전하게 이동할 수 있다. 반려견의 다리에도 부담이 적다.

'모임지붕의 집'
소재지: 기후 현
부지 면적: 994.75㎡ / 연면적: 111.96㎡
천장 높이: 2,000~3,480mm
설계: 핫토리 노부야스 건축 설계 사무소
사진: 야마우치 노리히토

현관에서 거실 방향을 바라본 모습. 토방과 홀의 단차는 15mm로 거의 평평하기 때문에 안전하다.

현관의 모습. 앞 정원과 평평하게 이어져 있어 반려견도 쉽게 밖으로 나갈 수 있다(82페이지 참조).

현관에 설치한 반려견용 샤워대. 샤워할 때 물이 튀지 않도록 사방을 둘러싸는 비닐 커튼을 설치했다.

작은 테크닉

공간 나누기

미닫이문이나 가구를 이용해서 공간을 나눈다

    수평 방향으로 넓은 단층집의 특징을 살리고 싶다면 원룸으로 만들 것을 추천한다. 가족이 하나의 공간을 나누어 사용하면서 각자의 영역에서 자신만의 시간을 보낼 수 있도록 작은 공간을 많이 설치한 원룸이 가장 좋다.

    이때 도움이 되는 것이 미닫이문이나 가구를 이용해 공간을 나누는 방식이다. 벽보다는 느슨하게 공간을 나눌 수 있고, 높이나 열고 닫은 상태에 따라 연결 정도를 조절할 수 있다. 특히 거실과 개인실, 아이 방과 복도, 개인실과 개인실을 나눌 때 유용하다.

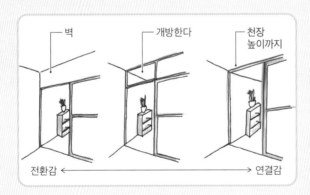

(POINT)

미닫이문의 종류에 따라 기능이 달라진다

공간의 전환을 강조하고 싶을 때는 문의 상부를 벽으로 막는다. 연결된 느낌을 강조하고 싶을 때는 문의 상부를 개방하거나 개구부를 천장 높이까지 설치하는 것도 좋다.

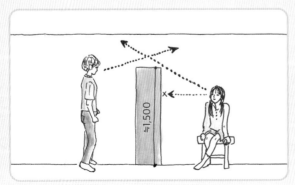

(POINT)

공간을 나누는 가구의 높이는 1,500밀리미터

원룸의 공간을 나누기 위한 가구는 높이를 성인의 눈높이보다 낮춰 시선이 빠져나갈 수 있게 한다. 공간을 나누더라도 천장이 이어져 있으면 넓게 느껴진다.

미닫이문 상부는 부부가 서로의 기척을 느낄 수 있도록 개방해 놓았다. 상대방을 부를 때 목소리가 잘 들리고, 방과 방 사이의 통풍에도 도움이 된다.

4짝 미닫이문으로 나눈 부부의 침실

부부의 침실을 하나의 방으로 만드느냐 각각의 방으로 만드느냐는 방 배치에서 중요한 포인트다. 특별한 이유가 없을 때는 미닫이문으로 나눠 놓으면 인생의 단계에 맞춰 하나의 방으로 만들거나 각각의 방으로 만드는 등 융통성을 발휘할 수 있어 편리하다. 이 단층집은 장래의 돌봄에 대비해 침실 중간에 공간을 나누는 미닫이문을 설치했다.

단면도[S=1:500]

1,820   2,730   1,820   ″   ″   1,820

외부 수납공간

수납공간

팬트리

방

현관

홀

세탁기

세면 탈의실

W.I.C.

1,820

1,820

3,640

K

D

L

침실 1   침실 2

910

테라스

N

········▷ : 통풍

두 방은 4짝 미닫이문으로 나뉘어 있어서, 부부 중 누군가가 돌봄이 필요해지면 미닫이문을 열어 두 방을 연결할 수 있게 했다. 돌보는 사람이 쉬고 싶어졌을 때는 다시 공간을 나누면 된다.

바닥에 연속성을 부여하기 위해 미닫이문 상부에 레일을 달고, 바닥 부분에는 자석 스토퍼를 설치했다.

'구마모토의 집'
소재지: 구마모토 현
부지 면석: 206.75㎡ / 연면적:83.63㎡
천장 높이: 2,150~3,475mm
설계: 가자마쓰리 건축 설계
시공: 주식회사 레지나
사진: 아라키 야스후미

가족의 수납장으로 공간을 나눈다

방 배치에 얽매이지 않는 자유로운 생활을 제안할 수 있는 원룸이다. 꼭 필요한 공간을 나눠야 할 때는 벽면 수납장을 이용하면 편하다. 대용량의 수납공간을 확보할 수 있고, 공간을 나눌 필요가 없어지면 쉽게 철거할 수 있다.

사진 안쪽이 벽면 수납장이다. 산 속의 오두막이나 목조 학교를 참고해서 나무로 둘러싸인 여유로운 분위기의 원룸으로 만들었다.

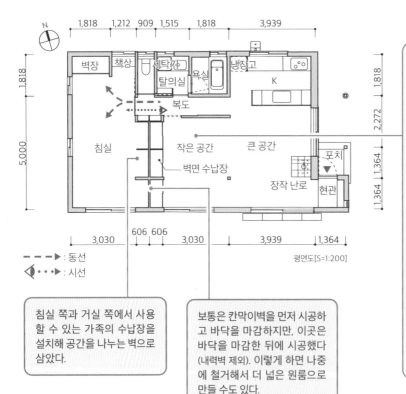

- - → : 동선
◁ · · ▷ : 시선

평면도[S=1:200]

원룸인 단층집으로, 명확히 구분된 공간은 화장실·욕실·세면 탈의실과 침실뿐이다. 침실로 들어가면 왼쪽에 침대가 있고 오른쪽에는 생활공간과 침실을 나누는 수납장이 있어서 미닫이문을 열어 놓아도 복도에서 내부가 보이지 않는다.

침실 쪽과 거실 쪽에서 사용할 수 있는 가족의 수납장을 설치해 공간을 나누는 벽으로 삼았다.

보통은 칸막이벽을 먼저 시공하고 바닥을 마감하지만, 이곳은 바닥을 마감한 뒤에 시공했다(내력벽 제외). 이렇게 하면 나중에 철거해서 더 넓은 원룸으로 만들 수도 있다.

'O씨의 단층집'
소재지: 사이타마 현
부지 면적: 499.00㎡ / 연면적: 78.29㎡
천장 높이: 2,350~4,700mm
설계: 데라바야시 설계 사무소
사진: 데라바야시 설계 사무소

'구이의 집'
소재지: 시마네 현
부지 면적: 322.88㎡ / 연면적: 68.74㎡
천장 높이: 2,200~3,000mm
설계: 하루나쓰 아키
사진: 나카무라 가이

LDK와 침실을 느슨하게 나눈다

부부 2명이 살거나 혼자서 사는 주택일 때는 침실까지 포함한 원룸으로 만들고 싶을 수도 있다. 그러나 거실·식당·주방과 침실은 용도가 전혀 다르기 때문에 공간의 전환이 필요하다. 그래서 약 70제곱미터의 평면을 단차와 아일랜드 수납 가구로 구분해 느슨하게 나눴다.

아일랜드 수납 가구는 양쪽에서 사용할 수 있다. 거실 쪽은 높이 800mm의 개방형 선반으로 책이나 CD의 수납에 활용되며, 침실 쪽은 높이 1,600mm의 옷장이다. 또한 거실·식당 쪽에서 침실이 그대로 보이지 않도록 시선을 차단해 주는 역할도 한다.

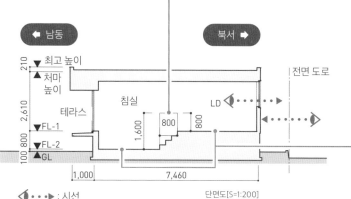

◀ 남동   북서 ▶

거실·식당은 도로와 시선의 높이가 일치하지 않도록 바닥을 높였다. 한편 침실의 바닥은 지면과 같은 높이라서 지하로 숨어든 것 같은 안도감을 준다.

◀···▶ : 시선   단면도[S=1:200]

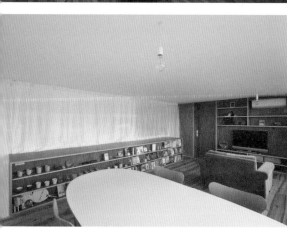

현관문을 열면 집 전체가 거의 한눈에 들어오는 단순한 방 배치. 바닥에 800mm의 높낮이 차이를 만들어 공간을 느슨하게 나눴다.

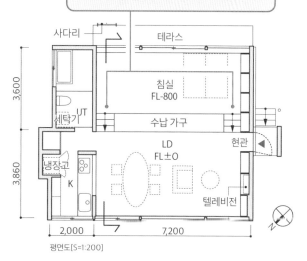

평면도[S=1:200]

위: 침실 쪽의 커튼을 젖힌 모습
아래: 계단과 아일랜드 수납 가구 상부에 커튼레일을 설치해, 필요할 경우 공간을 나눌 수 있게 했다.

작은 테크닉

ㅡ

아이 방

아이 방은
용도 전환을 전제로

집 안을 수평으로 둘러보며 아이를 살피기 쉬운 단층집은 육아에 최적의 공간이다. 아이가 어릴 때는 거실 등을 아이의 공간을 겸하는 곳으로 만들자. 아이 방은 아이가 어느 정도 성장하면 필요해지는데, 더 성장해서 독립한 뒤에는 필요가 없어지므로 그때그때 용도를 바꿀 수 있도록 만들어 놓는 것이 바람직하다.

계단을 오르내릴 필요가 없는 단층집은 하체가 약해져도 아이 방을 손님용 공간이나 서재 등으로 용도를 전환해 장기적으로 쉽게 이용할 수 있다는 이점도 있다.

[마쓰바라 도모미]

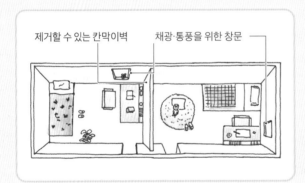

제거할 수 있는 칸막이벽 　 채광·통풍을 위한 창문

POINT

방을 나눌 수 있는
구조로 만든다

쉽게 제거할 수 있는 칸막이나 가구로 공간을 나누는 등, 장기적으로 방의 수를 바꿀 수 있게 만드는 것이 바람직하다. 공간을 나눌 경우를 가정해 개구부를 복수로 설치해 놓자.

POINT

최소한의 넓이는
5제곱미터

아이 방은 침대와 책상을 놓을 수 있는 최소한의 넓이면 된다. 가족 공용의 수납공간을 설치하는 등의 궁리를 하면 5제곱미터 정도의 넓이로도 충분하다.

둘로 분할할 수 있는 아이 방

아이가 원한다면 칸막이와 가구를 설치해서 둘로 분할할 수 있다. 아이가 평소에는 거실 등의 공용 공간에서 시간을 보낸다고 가정해, 분할했을 때의 넓이가 침대와 책상이 들어갈 수 있는 최소한의 넓이인 5.3제곱미터가 되도록 만들었다.

'젠코지미나미의 집'
소재지: 아이치 현
부지 면적: 300.39㎡
연면적: 94.33㎡
천장 높이: 2,100~3,100mm
설계: 마쓰바라 건축 계획
사진: 호리 다카유키 사진 사무소

평면도[S=1:300]

요리를 하면서 거실·식당에 있는 아이들의 모습을 볼 수 있도록 대면형 주방으로 만들었다.

둘로 나눴을 때의 아이 방은 각각 5.3㎡의 불규칙한 형태가 되는데, 편리하게 이용할 수 있도록 양쪽에 옷장을 설치했다.

가족이 단란한 시간을 보내는 장소인 거실·식당을 중심으로 부부 침실과 아이 방을 동서에 나눠 배치해 가족 간의 프라이버시를 확보했다.

아이 방 남쪽(왼쪽)과 북쪽(오른쪽)을 각각 복도에서 바라본 모습. 칸막이를 설치해 방을 분할했을 때 두 방 모두 창문이 있도록 두 방향의 벽면에 창문을 설치했다.

작은 테크닉
—
욕실

욕실에 실외로 시선이 빠져나갈 곳을 만든다

단층집의 과제 중 하나는 외부에서의 시선을 어떻게 차단해 프라이버시를 보호하느냐이다[106페이지 참조]. 특히 욕실은 높은 프라이버시가 요구되기 때문에 환기·채광용의 작은 창문만 있는 폐쇄된 공간이 되기 쉽다.

그러나 욕실에는 생활 속에서 몸과 마음의 긴장을 풀고 건강을 증진한다는 중요한 기능이 있다. 외부의 시선을 완전히 차단하면서 안에서는 바깥의 풍경을 즐길 수 있게 하는 등 시각적으로도 위안을 얻을 수 있도록 하자.

(POINT)

담장으로 둘러싼 뒤 커다란 개구부를 설치한다

담장 등을 설치해 외부의 시선을 차단한 중정이나 테라스 쪽에 욕실을 배치하고 개구부를 설치하는 방법이다. 욕실에서 그대로 바깥으로 나갈 수 있도록 만드는 것도 좋다.

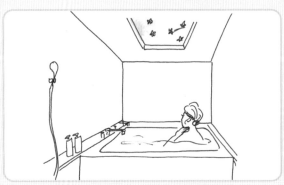

(POINT)

하늘을 향해 열어 놓는다

바깥에서 안이 들여다보이지 않도록 높은 위치에 창문을 설치하거나 상층이 없는 단층집의 특성을 살려서 천창을 설치하는 등 하늘을 바라볼 수 있도록 만드는 방법도 추천한다.

지붕의 상부가 열려 있는 부분에 삼각형의 자투리 정원이 있다. 이 자투리 정원 부분에 환풍기 후드를 감춰 놓아서 외관이 깔끔해 보인다.

벽으로 둘러싸인 **자투리 정원**을 향해 열려 있는 **욕실**

욕실은 급수·배수나 환기 때문에 외벽 쪽에 배치하는 경우가 많다. 욕실에 창문을 설치하고 싶어도 설치할 수 없을 때는 작은 빈 공간을 벽으로 둘러싸고 자투리 정원을 만든 다음 그곳을 향해 개구부를 내는 방법을 추천한다.

자투리 정원의 안쪽은 다른 외벽과 달리 흰색으로 마감했다. 상부에서 들어온 빛이 반사되어 욕실과 화장실의 채광에도 도움을 준다.

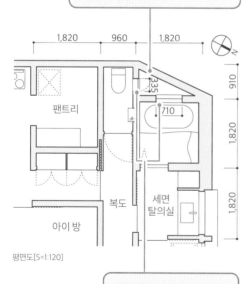

평면도[S=1:120]

자투리 정원은 삼각형이라 욕실뿐만 아니라 다른 쪽 벽과 인접한 화장실에도 빛과 신선한 공기를 공급한다.

'요코야마 정의 집'
소재지: 아이치 현
부지 면적: 279.60㎡ / 연면적: 113.17㎡
천장 높이: 2,200~3,100mm
설계: 야스에 레이지 건축 설계 사무소
사진: 야스에 에이지

욕조 옆에 개구부를 설치한 모습을 그린 그림. 정원의 푸른 식물이 몸과 마음의 이완을 촉진하는 동시에, 목욕물에 몸을 담그면 창문을 통해 시선이 수평으로 펼쳐지기 때문에 욕실이 넓게 느껴진다.

작은 테크닉

수납공간

적재적소에 수납공간을 만든다

100제곱미터 정도의 작은 단층집에서는 필요한 양의 수납공간을 어떻게 설치하느냐가 특히 중요하다. 다락을 수납공간으로 사용하는 것도 한 가지 방법이지만, 특정 계절에만 사용하는 가전제품이나 옷가방 등은 의외로 부피가 크고 무거워서 높은 장소에 수납하기 어려운 경우도 있다. 그럴 때는 바닥이 높은 공간을 만들고 바닥 밑을 수납공간으로 삼으면 큰 어려움 없이 수납할 수 있다.

또한 생활의 중심이 되는 동선상에 벽면 수납장이나 워크인클로젯을 설치하면 불필요한 움직임이 줄어들고 집안일이나 몸단장에 걸리는 시간도 단축된다.

바닥 밑 수납공간

POINT

바닥 밑 수납공간을 설치한다

침실에 바닥이 높은 공간을 만들고, 그 밑을 이부자리 등의 수납공간으로 삼으면 수납할 때 높이 들어 올릴 필요도 없고 운반 거리도 짧아져 일석이조다.

벽면 수납장

복도

POINT

동선상에 수납공간을 모은다

단층집은 상하 이동이 없기 때문에 동선을 하나로 연결시키기도 쉽다. 주방이나 현관을 기점으로 삼는 동선상에 수납공간을 만들면 집안일도 수월해진다.

수납공간과 동선은 한 세트로 생각한다

각 방마다 수납공간을 설치하면 방을 사용하는 사람이나 용도가 바뀌었을 때 사용하기 어려워질 수 있다. 공유 공간에 가족의 수납공간을 모아두면 라이프스타일의 변화에 맞춰 방의 용도를 유연하게 변경할 수 있다. 이 집은 긴 동선을 따라 벽면 수납장을 빌트인으로 제작했다. 이동하면서 물건을 꺼낼 수도 있어 집안일이나 몸단장하는 시간을 단축할 수 있다.

거실 앞 복도에서 동쪽을 바라본 모습. 동선(복도)의 양 끝이 외부와 연결되어 있으며 빛과 바람이 지나가는 길이기도 하다.

- - - → : 집안일 동선

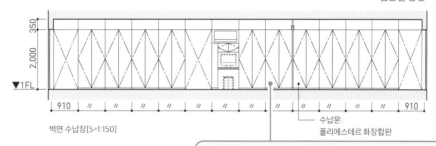

350
2,000
▼1FL
910 // // // // // // // // // 910

벽면 수납장[S=1:150]

수납문:
폴리에스테르 화장합판

벽면 수납장은 폭 910×높이 2,000×안길이 340~470mm의 수납장을 10개 나열한 구조다. 내부에는 이동 선반을 설치했다. 다양한 물건을 즉시 수납할 수 있고, 문이 달려 있어서 공간도 깔끔해 보인다.

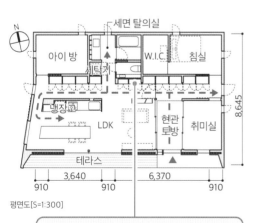

N

세면 탈의실

아이 방   W.I.C.   침실
세탁기
명장고   현관   취미실
LDK   토방
테라스

3,640   6,370
910   910   910

8,645

평면도[S=1:300]

동서로 길쭉한 단층집이 중심 동선상에 벽면 수납장을 배치했다. 이 동선과 수납장이 공간 전체를 하나로 연결한다[42페이지 참조].

'이누야마의 주택'
소재지: 아이치 현
부지 면적: 498.50㎡ / 연면적: 100.15㎡
천장 높이: 2,100~3,925mm
설계: hm+architects
사진: 오가와 시게오

복도를 따라 설치한 벽면 수납장. PC 책상을 겸하는 수납장도 제작했다.

작은 테크닉

천장

자유로운 형상의 천장을 즐긴다

　2층집에 비해 이웃의 일조권을 위한 높이 제한이나 상층의 방 배치 등에 제약이 없는 만큼 지붕이나 천장의 형상에 자유도가 높은 것도 단층집의 매력이다. 개성적인 곡면 천장으로 만들면 건물 자체가 독특한 분위기를 자아낸다.

　일본에는 그리 많지 않지만 외국의 카페나 교회에서 자주 볼 수 있는 곡면 천장은 경계선이 없는 벽과 천장이 공간에 편안한 일체감을 만들어낸다. 복수의 R을 조합해서 주택 전체를 파형으로 만들면 천장 높이의 변화를 통해 공간을 느슨하게 나눌 수도 있다.

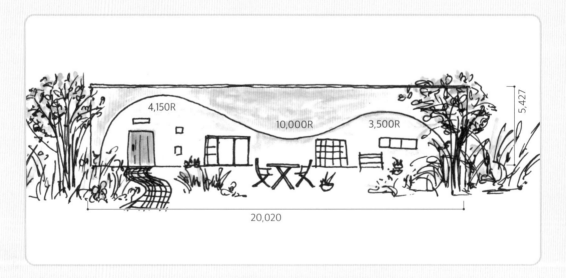

POINT **바닥까지 이어진 곡면 천장**

파형의 마루 부분에는 천장을 높이고 싶은 거실·식당을 배치하고, 골 부분에는 천장이 낮아도 되는 개인실이나 물 쓰는 곳을 배치할 것을 추천한다. 카페나 미술관 같은 주택을 원하는 건축주에게 인기가 많다.

밖에서 봐도 귀여운
파형 곡면 천장

건물의 긴 방향의 천장을 곡면으로 만들어 파사드에 곡선이 나타나도록 만든 단층집이다. X 방향과 Y 방향을 모두 곡면으로 만들려면 극단적으로 시공이 어려워지지만, 한 방향만 곡면으로 만드는 것은 그리 어렵지 않다. 단, 곡면의 반지름이나 높이, 새시의 설치에 관해 상세도를 그려서 확인할 필요가 있다.

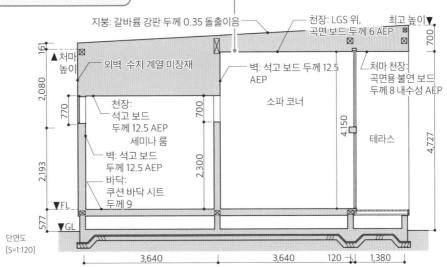

천장이 높은 부분. 천장에서 바닥까지 곡면이 이어져 있다. 펜던트 조명은 곡면 천장과 조화를 이루도록 1~2m 간격으로 높이를 불규칙하게 배치했다.

곡면 천장은 바탕 처리를 제대로 하지 않으면 요철이 생기기 때문에 주의해야 한다. 목제 바탕이 아니라 LGS(경량 철골) 바탕을 사용하면 시공의 정확도가 향상된다.

지붕: 갈바륨 강판 두께 0.35 돌출이음

천장: LGS 위, 곡면 보드 두께 6 AEP

최고 높이▼

▲처마 높이

외벽: 수지 계열 미장재

벽: 석고 보드 두께 12.5 AEP

소파 코너

처마 천장: 곡면용 불연 보드 두께 8 내수성 AEP

천장: 석고 보드 두께 12.5 AEP

세미나 룸

벽: 석고 보드 두께 12.5 AEP

바닥: 쿠션 바닥 시트 두께 9

테라스

▼FL

▼GL

단면도 [S=1:120]

161 / 2,080 / 770 / 2,193 / 2,300 / 577 / 700 / 700 / 4,150 / 4,727

3,640 / 3,640 / 120 / 1,380

천장이 낮은 부분. 천장이 매끄럽게 높아지는 자유분방한 공간이다.

'Mirit'
소재지: 미야기 현
부지 면적: 358.37㎡
연면적: 145.74㎡
천장 높이: 2,426~4,150mm
설계: 기쿠치 요시하루 건축 설계 사무소
사진: 에치고야 이즈루

작은 테크닉

소재

바닥·벽·천장의 질감을 신경 쓴다

단면(층)으로 공간을 전환할 수 없는 단층집은 공간 구성이 단조로워지기 쉽다는 단점도 있다. 질감이 다른 소재를 적절히 사용해 음영이 있는 공간으로 만들어 인상을 전환시키자. 다만 질감이 좋은 소재는 값이 비싼 경우가 많은데, 사용하는 소재를 4종류 정도로 억제하면 전체 비용을 줄일 수 있다.

또한 자연이 풍부한 부지에 단층집을 지을 때는 실외의 자연과 소재를 조화시키면 넓은 느낌을 줄 수 있다. 예를 들어 거실 바닥에 돌을 사용하고 바닥 높이를 낮춰서 실내외의 중간 영역으로 삼는 것도 좋은 방법이다.

(POINT)

소재의 수를 줄여서 통일감을 낸다

사용하는 소재의 수를 줄임으로써 집 전체에 통일감을 연출한다. 수리할 때 사용하는 재료도 줄어들기 때문에 재료비나 기술자의 수도 줄일 수 있다.

(POINT)

소재로 음영을 만든다

거친 질감의 회반죽이나 요철이 있는 돌을 사용해 공간에 음영을 만드는 것도 좋은 방법이다. 음영이 있는 소재라면 커다란 공간의 바닥 등 넓은 범위에서 사용하더라도 단조로워지지 않는다.

마감재의 종류를 한정한다

집 전체의 마감을 통일하면 마감재 수량을 낭비하지 않아 비용을 낮출 수 있다. 이 집은 내벽 전부를 플라스터의 재벌바름으로 민무늬 마감을 했다.

위: 바닥은 감촉이 좋은 비누 마감의 삼나무재를 사용했다. 토방의 바닥에만 흑점판암을 사용해 중후한 느낌을 연출했다. | 왼쪽: 클로젯의 입구에서 토방의 벤치를 바라본 모습. 천창 아래의 벤치에 앉으면 낮은 무게중심이 느껴져 마음이 안정되는 공간으로 만들었다[22페이지 참조]. 천장에는 거친 삼나무를 사용했다.

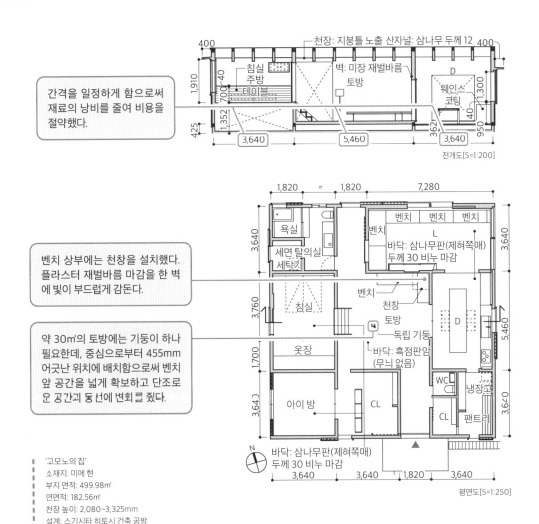

> 간격을 일정하게 함으로써 재료의 낭비를 줄여 비용을 절약했다.

> 벤치 상부에는 천창을 설치했다. 플라스터 재벌바름 마감을 한 벽에 빛이 부드럽게 감돈다.

> 약 30㎡의 토방에는 기둥이 하나 필요한데, 중심으로부터 455mm 어긋난 위치에 배치함으로써 벤치 앞 공간을 넓게 확보하고 단조로운 공간과 동선에 변화를 줬다.

전개도[S=1:200]

평면도[S=1:250]

'고모노의 집'
소재지: 미에 현
부지 면적: 499.98㎡
연면적: 182.56㎡
천장 높이: 2,080~3,325mm
설계: 스기시타 히토시 건축 공방
사진: 스기시타 히토시 건축 공방

긴 시간을 보내는 장소의 마감은 질 좋게

거실이나 식당 등 긴 시간을 보내는 장소는 설령 가격이 비싸더라도 좋은 소재를 선택하면 더욱 안락한 공간을 만들 수 있다. 이 단층집은 남쪽에 배치한 거실과 테라스의 바닥 높낮이 차이를 줄이고 같은 사문석(물·씻기)을 깔았다.

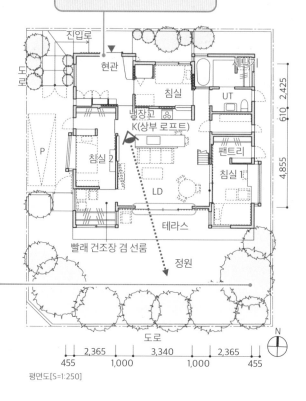

노란색 부분이 돌바닥이다. 돌이 태양의 복사에너지를 축적하기 때문에 거실·식당은 겨울철에도 따뜻하다. 야간을 위해 바닥 난방도 채용했다.

부지 넓이에 비해 비교적 건물이 작다. 그 대신 정원 면적이 넓어서 녹색 식물을 마음껏 즐길 수 있다.

평면도[S=1:250]

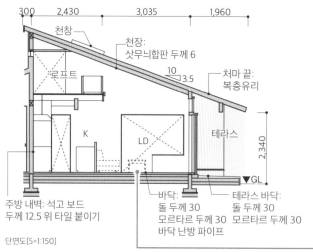

단면도[S=1:150]

주방 내벽: 석고 보드
두께 12.5 위 타일 붙이기

바닥:
돌 두께 30
모르타르 두께 30
바닥 난방 파이프

테라스 바닥:
돌 두께 30
모르타르 두께 30

천장:
삿무늬합판 두께 6

처마 끝:
복층유리

'히토쓰바시 학원의 집' / 소재지: 도쿄 도
부지 면적: 228.52㎡
연면적: 88.10㎡(다락: 20.06㎡)
천장 높이: 2,550~3,986mm
설계: 사토·후세 건축 사무소
사진: 이시소네 아키히토

바닥은 1×3m의 사문석을 그 자리에서 깨면서 시공했다. 초록빛이 감도는 돌을 무작위로 깔아서 넓지만 단조로움이 느껴지지 않는 공간으로 만들었다.

거실에서 동쪽의 침실을 바라본 모습. 처마를 깊게 냈지만(1,960mm), 투명한 복층 유리를 사용해서 빛을 투과시킴으로써 거실이 어두워지지 않게 했다.

돌바닥은 방수성이 좋고 청소도 쉬워서 정원에서 놀던 반려견이 직접 거실로 들어와도 신경 쓰이지 않는다.

빛과 그림자의 농담을 소재로 강조한다

빛을 어떻게 확산시키느냐에 따라 건물 내부 분위기가 달라진다. 이 단층집은 방형지붕의 꼭대기에 천창을 설치해 거실·식당·주방으로 빛을 끌어들이는 방식을 채택했다. 천장과 벽을 먹물을 섞은 회반죽으로 마감한 회색으로 만듦으로써 반사를 억제해 개구부에서 들어오는 빛을 부드럽게 확산시킨다.

식당의 천창. 나무흙손 마감은 쇠흙손 마감보다 질감이 거칠어서 독특한 멋을 낸다.

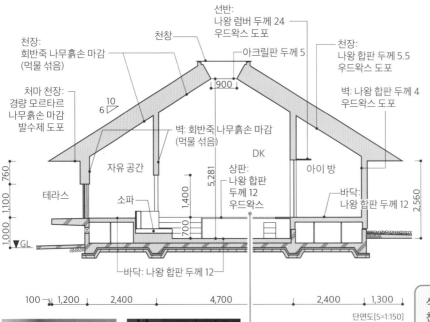

천장:
회반죽 나무흙손 마감
(먹물 섞음)

천창

선반:
나왕 럼버 두께 24
우드왁스 도포

아크릴판 두께 5

천장:
나왕 합판 두께 5.5
우드왁스 도포

처마 천장:
경량 모르타르
나무흙손 마감
발수제 도포

10
6

900

벽: 회반죽 나무흙손 마감
(먹물 섞음)

벽: 나왕 합판 두께 4
우드왁스 도포

DK

자유 공간

상판:
나왕 합판
두께 12
우드왁스

아이 방

테라스

소파

바닥:
나왕 합판 두께 12

바닥: 나왕 합판 두께 12

760
1,100
1,000

5,281
1,400
700

2,560

▼GL

100　1,200　2,400　4,700　2,400　1,300

단면도[S=1:150]

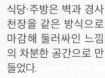

식당·주방은 벽과 경사 천장을 같은 방식으로 마감해 둘러싸인 느낌의 차분한 공간으로 만들었다.

실내의 모습. 어떤 장소에서나 벽이 빛을 부드럽게 반사해 적당한 밝기로 공간을 비춘다.

식당의 모습. 높이에 따라 벽이나 천장의 밝기가 달라져 공간에 미묘한 차이를 만들어낸다.

방형지붕이 특징적인 외관의 저녁 풍경

"가와라의 집"
소재지: 아이치 현
부지 면적: 228.13㎡
연면적: 90.25㎡
천장 높이: 2,000~5,280mm
설계: 핫토리 노부야스 건축 설계 사무소
사진: 니시카와 마사오

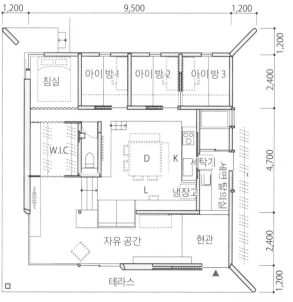

평면도[S=1:200]

천창의 빛을 조절한다

바닥 면적이 넓어지기 쉬운 단층집은 외벽면의 개구부로부터 거리가 있는 건물 중앙 부분이 빛이 닿지 않아서 어두워지기 쉽다. 그래서 천창을 설치해 채광을 확보하는 경우가 많은데, 천창에서 들어오는 빛이 너무 강할 때도 있어 채광량이나 열량을 조절하기 위한 궁리가 필요하다.

예를 들어 천창 아래에 아크릴판을 설치하면 빛의 세기를 완화시킬 수 있다. 루버를 설치해서 각도를 조정하면 빛을 확산시키거나 한곳에 집중시킬 수도 있다.

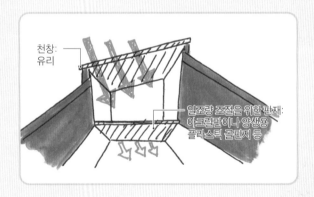

POINT

반투명 판재를 끼운다

반투명 판재를 천창 하부에 설치해 일조량을 조절하는 방법이다. 실내에서 천창이 직접 보이지 않아 디자인적인 면도 우수하다.

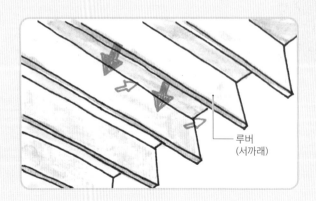

POINT

루버를 설치한다

천창 아래에 루버를 설치해 빛을 반사·확산시키는 방법이다. 흰색에 가까운 색이면 빛을 더욱 밝게 반사한다. 서까래를 루버로 활용해도 좋다.

복도의 천창. 300mm 간격으로 배치한 루버에 빛이
확산되어 원근감도 강조되었다.

거실에서 복도를 바라본 모습

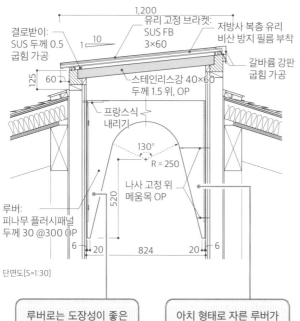

1,200

결로받이:
SUS 두께 0.5
굽힘 가공

유리 고정 브라켓:
SUS FB
3×60

저방사 복층 유리
비산 방지 필름 부착

갈바륨 강판
굽힘 가공

1 — 10

스테인리스강 40×60
두께 1.5 위, OP

125   60

프랑스식
내리기

130°
R = 250

나사 고정 위
메움목 OP

520

루버:
피나무 플러시패널
두께 30 @300 @P

6   20   824   20   6

단면도[S=1:30]

루버로는 도장성이 좋은
피나무 플러시패널을 사
용했다. 흰색으로 칠하면
빛을 밝게 반사시킬 수 있
다. 또한 루버는 관리 측
면도 고려해 탈착이 가능
하게 했다.

아치 형태로 자른 루버가
온화한 빛의 농담을 만들
어내 아래에 부드러운 빛
을 보낸다. 루버 자체가
시선을 위로 향하게 해서
더욱 밝게 느끼도록 만드
는 효과도 있다.

복도에 빛을
끌어들인다

완만한 경사의 커다란 지붕이 특징
적인 단층집이다. 바닥 면적도 넓어
서 채광을 확보할 방법이 필요했다
[72페이지 참조]. 그래서 건물 중앙
부 복도에 천창을 달고 천창 아래에
아치형 루버를 설치했다. 루버가 확
산시킨 빛이 어두워지기 쉬운 복도
를 밝고 인상적인 공간으로 바꿔 놓
았다.

'모임지붕의 집'
소재지: 기후 현
부지 면적: 994.75㎡
연면적: 111.96㎡
천장 높이: 2,000~3,480mm
설계: 핫토리 노부야스 건축 설계 사무소
사진: 야마우치 노리히토

149

고양이가 좋아하는 입체 구조

고양이는 상하 운동을 좋아하기 때문에 반려묘와 생활한다면 다층집이 더 적합하다고 생각하기 쉽다. 그러나 단층집도 빌트인 가구나 다락 등을 이용하면 반려묘가 즐겁게 생활할 수 있는 공간을 만들 수 있다. 포인트는 실내의 높은 장소에 반려묘의 거처를 만드는 것이다. 고양이는 높은 위치에서 실내를 내려다보면서 안도감을 얻기 때문이다.

또한 딱딱하고 잘 미끄러지는 바닥은 반려묘의 몸에 부담을 주기 때문에 카펫이나 나무 등 부드러운 바닥재나 자연 도료를 사용한 소재를 선택하자.

POINT

높은 위치에 반려묘가 있을 곳을 만든다

가구나 수납장을 이용해 높낮이 차이를 만들면 반려묘의 놀이터나 거처가 된다. 다만 사람과 시선이 마주치는 높이나 사람의 출입이 많은 장소는 피하자.

POINT

탈주 대책은 만전을 기한다

단층집은 개방적인 공간이 되기 쉬워서 이중문이나 높은 담장으로 둘러싼 발코니, 중정을 설치하는 등 반려묘의 탈주 대책에 만전을 기할 필요가 있다.

현관에서 거실과 중정 방향을 바라본 모습. 반려묘는 왼쪽의 클로젯이나 천장 보 위쪽을 지나 안쪽의 중정 부근에 있는 거처나 더 안쪽에 있는 방으로 자유롭게 돌아다닌다.

사람도 반려묘도 공간을 넓게 활용할 수 있는 단층집

중심부에 중정을 설치하고 그 주위의 고창 부근을 고양이의 거처로 만들었다. 이 평면 형상은 복도 없이도 집 안을 막힘없이 오갈 수 있어 사람에게도 편리하다. 또한 반려묘는 캣타워에 올라가서 가구나 천장 보 위쪽 등을 자유롭게 오갈 수 있다. 단층집이면서 2층집만큼 공간을 넓게 사용한 설계다.

> 캣타워는 현관 토방에 설치했다. 로프트의 남동쪽에 계단이 설치되어 있어 반려묘는 두 방향에서 오르내릴 수 있다.

> 중정 부근에 설치한 캣워크에서 클로젯, 로프트의 간격은 고양이가 뛰어서 이동할 수 있는 거리(1,000mm 정도)다.

> 중정에 고창을 설치해 실내로 빛과 바람을 끌어들이는 동시에 반려묘가 고창과 인접한 캣워크 위에서 일광욕을 하며 편안한 시간을 보낼 수 있는 환경을 만들었다. 중정은 반려묘가 놀 수 있지만 탈주는 할 수 없는 옥외 공간이 된다.

단면도[S=1:250]

> 도로 쪽에 현관을 설치하고, 안쪽 깊은 곳에 사적인 공간을 배치했다. 복도가 없어서 사람도 짧은 동선으로 오갈 수 있다.

'acrab'
소재지: 이바라키 현 / 부지 면적: 299.78㎡
연면적: 106.15㎡ / 천장 높이: 2,000~3,956mm
설계: 폴라스타 디자인
시공: 이에쓰나기
사진: 후지모토 가즈타카

- - - ▶ : 반려묘의 동선   - - - ▶ : 사람의 동선
▨▨▨ : 캣워크
평면도[S=1:200]

장작 난로를 설치해 불과 함께 생활한다

단층집과 장작 난로는 난방 수단으로도, 연료의 반입이나 굴뚝 등 실내외의 관계성이라는 측면에서도 궁합이 매우 좋다. 장작 난로를 설치할 장소의 조건은 온기를 집 안에 골고루 전달할 수 있으면서 장작의 반입이나 조리, 관리 등에 지장이 없는 곳이다.

장작 난로를 집의 중심부에 설치하면 열은 균등하게 전해지지만, 사용하지 않는 시기에는 애물단지가 된다. 외부와의 연결성까지 생각하면 벽 쪽이나 집의 가장자리가 적절하다. 다만 벽 쪽에 설치할 때는 난로 뒤쪽 벽에도 방화 조치가 필요하다*.

[마쓰바라 마사아키]

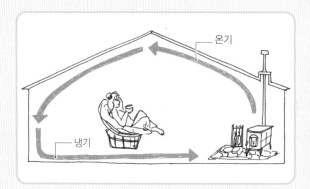

(POINT)

집 안을 연결해서 대류를 일으킨다

지붕의 경사를 이용해 대류**를 일으키면 집 안을 따뜻하게 덥히기가 쉬워진다. 각 방을 완전히 분리시키지 않고 느슨하게 연결하는 것이 포인트다.

(POINT)

모든 기능을 충족시키는 장소에 둔다

장작 난로는 이동이 불가능하다. 난방·조리·장작 반입의 편리성·청소 편의성·관리 편의성·굴뚝 위치 등 모든 조건을 충족시키는 장소를 철저히 검토하자.

장작 난로＋토방으로 반옥외 공간을 연출한다

정원을 둘러싸는 형상의 건물로, 식재를 활용해 경관성을 높이고 외부의 시선을 차단했다. 장작 난로를 배치한 거실 바닥은 진입로 쪽 테라스와 마찬가지로 타일을 깔았다. 테라스로 이어지는 창문을 개방하면 거실은 반옥외 공간이 된다.

위: 주방에서 거실 방향을 바라본 모습. 거실의 개구부에는 동살대가 있는 방충문과 플리츠 스크린을 설치해 외부와의 연결성을 조정했다. ｜ 아래: 남쪽 진입로. 테라스까지 지붕과 벽으로 덮여 있다.

옥외에서 드나들기 쉽고 식당에서도 접근성이 좋은 거실에 장작 난로를 설치했다. 단층집이라 지붕으로 올라가 굴뚝을 관리하기에도 편하다.

진입로에서 떨어진 북쪽에 사적인 방과 물 쓰는 곳을 모아 놓았다. 집안일 동선이 정리되어 집안일도 원활하게 할 수 있다.

건물 남쪽의 진입로와 테라스를 연결해, 식재와 함께 외부와의 완충 지대로 삼았다. 일부는 장작 보관소로도 사용할 수 있다.

평면도[S=1:200]

'요코야마 정의 집'
소재지: 아이치 현
부지 면적: 279.60㎡ / 연면적: 113.17㎡
천장 높이: 2,200~3,100mm
설계: 야스에 레이지 건축 설계 사무소
사진: 야스에 에이지

* 일본의 건축 기준법 35조 2항과 국토교통성 고시 225호에 따라 벽이나 천장에 난연 소재 또는 준불연 소재를 사용하는 등의 내장 제한이 있다(우리나라의 경우 '건축물의 피난·방화구조 등의 기준에 관한 규칙' 제24조에 이에 해당하는 기준이 정해져 있다). 또한 적극적으로 주위의 벽이나 바닥에 열을 축적시키면 난방 효과도 향상된다. 난로의 받침대로는 벽돌, 돌, 콘크리트 등을 사용하면 좋다. 장작 난로 아래에 콘크리트를 깔거나 바닥을 보강한 다음 돌 또는 벽돌을 깔면 된다.
** 따뜻한 공기는 상승하고 차가운 공가는 하강하는 성질.

매일의 요리에 **장작 난로를 최대한**으로 활용한다

장작 난로의 열은 몸과 마음을 따뜻하게 덥혀 줄 뿐만 아니라 음식을 조리할 때도 유용하다. 난로 위에 스튜를 끓이거나 피자를 구울 수도 있다. 이 단층집은 '일상의 요리에 장작 난로를 사용하고 싶다.'는 건축주의 희망에 따라 주방 근처 토방 현관에 장작 난로를 설치했다.

남쪽의 정원으로 나갈 수 있는 현관 토방을 주방 옆에 배치하고 장작 난로를 설치했다.

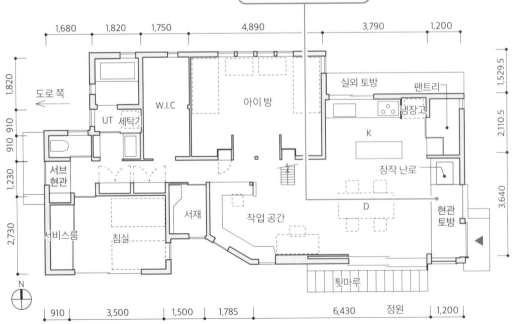

평면도[S=1:160]

작업 공간에서 LDK와 현관 토방을 바라본 모습. 팬트리
옆에 장작 난로가 있어서 조리 동선의 일부가 되었다.

건물 외관. 삼각 지붕과
장작 난로의 굴뚝이 주
위의 자연과 멋진 조화
를 이루고 있다.

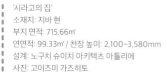

‧ '시라고의 집'
‧ 소재지: 지바 현
‧ 부지 면적: 715.66㎡
‧ 연면적: 99.33㎡ / 천장 높이: 2,100~3,580mm
‧ 설계: 노구치 슈이치 아키텍츠 아틀리에
‧ 사진: 고이즈미 가즈히토

현관 토방은 모르타르 마감이다. 정원과 일체
감을 높이기 위해 유리문을 채용했다.

155

담장 이외의 것으로 시선을 가린다

실내와 외부의 거리가 가까워서 외부의 경관을 마음껏 즐길 수 있다는 것이 단층집의 장점 중 하나다. 천혜의 주변 환경 속에 자리하고 있을 경우, 입지 조건만 허락한다면 담장 등을 설치하지 않고 주위와 느슨하게 연결시키고 싶기 마련이다.

다만 지나치게 개방적이라면 생활하기 불편할 수 있으니 최소한의 프라이버시는 확보하자. 흙이나 수목 등 자연에 존재하는 것을 이용해 시선을 차단하면 실내에서의 조망을 해치지 않으면서 주위 환경과 조화를 이룰 수 있다.

인공 산

(POINT)

인공 산을 만든다

단층집은 2층집에 비해 기초의 면적이 넓기 때문에 공사를 하면 잔토가 많이 생긴다. 이 흙을 효과적으로 이용해 인공 산을 만들면 주위와 조화를 이루면서 느슨하게 시야를 차단할 수 있다.

낙엽수(쇠물푸레나무)

상록수(동청목 등)

(POINT)

수목을 활용한다

식재는 시선을 차단해 주는 유용한 수단이다. 겨울철에도 도로에서의 시선을 어느 정도 차단할 수 있도록 낙엽수와 상록수의 비율을 6:4 정도로 맞추면 좋다.

잔토를 이용해 프라이버시를 보호한다

다설 지역의 단층집. 서쪽에 아름다운 산과 풍부한 삼림(방풍림)이 펼쳐져 있다. 거실·식당의 개구부와 전면 도로는 10미터 정도 떨어져 있지만, 부지 면적은 약 1,750제곱 미터로 넓다. 도로와 인접한 동쪽에 잔토를 이용해 산을 쌓았다.

식당에서 인공 산을 바라본 모습. 높이 2,150mm, 폭 9.1m의 개구부에서 바깥 경관을 구석구석까지 둘러볼 수 있다. 프라이버시 확보를 위해 설치한 인공 산의 높이는 약 1.5m로, 실내에서의 조망을 확보하는 동시에 도로에서의 시선을 적당히 차단해 준다.

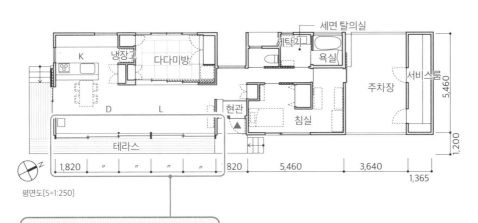

평면도[S=1:250]

거실·식당에는 폭 9.1m의 대형 개구부를 설치했다. 추운 다설 지대에 자리하고 있기 때문에 단열성이 뛰어난 고성능 목제 새시와 단열 블라인드를 사용했다. 겨울철의 콜드 드래프트를 방지하기 위해 개구부 근처 바닥에 냉기를 막는 패널 히터를 설치했다.

'니시네의 집'
소재지: 야마가타 현
부지 면적: 1,752.16㎡ / 바닥 면적: 111.79㎡
천장 높이: 2,200~3,500mm
설계: 시부야 다쓰로+아키텍처 랜드스케이프
사진: 시부야 다쓰로

* 잔토의 양이 부족할 경우는 저목~중목을 심어 높이를 보태면 된다.

전면 도로에서 인공 산을 바라본 모습. 겨울철에는 눈이 쌓여 희고 아름다운 벽으로 변하고, 여름철에는 초록빛 언덕으로 표정을 바꾼다. 겨울철에는 쌓인 눈 때문에 높이가 1m 정도 더 높아진다. 인공 산을 만들 때는 가급적 옹벽을 피하고 안정적인 1/2~1/3 정도의 비탈면 기울기로 만들면 비용을 줄일 수 있다.*

작은 테크닉

유지보수

유지보수의
관점에서 외벽을 생각한다

단층집은 외장재를 비교적 자유롭게 선택할 수 있다는 점도 매력적이다. 다층집은 지붕이나 외벽을 보수할 때 비계를 설치해야 하지만, 단층집은 본격적인 비계를 설치할 필요가 없어 유지보수에 용이하다. 또한 처마를 깊게 내면 빗물에 젖는 부분이 줄어들어 외벽이 덜 손상된다는 장점도 있다.

어쨌든 거주자의 취향을 충분히 반영하면서 디자인, 시공성, 비용, 유지보수성 등의 각 요소를 감안해 최적의 외장재를 선택하자.

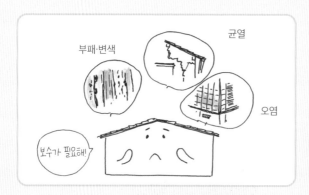

(POINT)

유지보수 비용을
생각한다

일반적으로 유지보수하기 편한 외장재는 사이딩 계열이다. 반면 나무·도장 계열은 보호 도료의 도포나 균열 등의 정기적인 보수가 필요하다.

(POINT)

깊은 처마에는
처마 홈통이 필요 없다

단층집은 처마를 깊게 내면 처마 홈통이 필요 없는 경우도 많다. 밖홈통이라면 누수의 위험성은 거의 없으며, 교체 등의 유지보수도 어렵지 않다.

야쿠시마 삼나무 외벽으로 경년 변화를 즐긴다

삼나무를 외벽 마감재로 사용한 단층집이다. 처마를 1,000mm 이상 내서 비에 젖는 부분이 적고, 외벽 손상이 적은 것이 매력적이다. 다만 손상된다면 교체해야 한다. 이 단층집은 일반적인 삼나무보다 유분이 많고 내구성이 높은 야쿠시마 삼나무를 도장하지 않고 사용했다.

현관 쪽 외벽. 바닥의 높이는 눈과 조망을 고려해 설계 GL보다 600mm 높였다. 기성 제품의 경우 교체 시기 전에 단종되는 경우도 있지만, 목재는 그럴 걱정이 없다. 여기에 목재 특유의 경년 변화를 즐길 수 있다는 장점도 있다.

> 처마 천장에도 삼나무판을 붙여서 외벽과 디자인을 통일시켰다.

단면도[S=1:200]

▼최고 높이 212
▲최고 처마 높이 2,302
1,185
3 10
▼처마 높이 2,770
2,000
장작 난로
LD 4,000
현관 홀
2,400
2,500
현관 포치 2,055
▼FL 600 ▼GL

처마 천장:
— 삼나무판 두께 15
— 투습 방수 시트
1,550

외벽:
— 삼나무판 두께 15
— 통기 띠장 두께 24
— 투습 방수 시트
— 고성능 글라스울 16kg 두께 105
— 구조용 합판 두께 12
— 고성능 글라스울 16kg 두께 105
— 기밀 시트

> 단열재 위에 방우·방풍에 적합한 두께 0.5mm의 투습 방수 시트 '우톱서모파사드'(뷔르트 재팬)를 붙인 뒤, 삼나무판을 20mm 간격으로 띄워서 붙였다. 빗물이 그대로 투습 시트 위로 흘러서 떨어지기 때문에 다설 지역이지만 충분히 사용할 수 있다. 삼나무판의 교체도 쉬운 편이다.

'미야우치의 집' / 소재지: 야마가타 현
부지 면적: 1,388.05㎡ / 연면적: 142.47㎡
천장 높이: 2,400mm(거실 평균 천장 높이 3,000mm)
설계: 시부야 다쓰로+아키텍처 랜드스케이프
사진: 시부야 다쓰로

외관. 외벽 전체가 삼나무로 뒤덮여 있어서 주위 공간과 조화를 이룬다.

작은 테크닉

주차장

주차장은 자연스럽게, 이용하기 편하게

단층집을 짓기 좋은 지역에서는 일상적인 이동 수단으로 자가용이 필수 아이템인 경우가 많다. 부지에 여유가 있더라도 주차장을 어디에 설치하고 자동차를 어떻게 다루느냐는 중요한 포인트이다. 주차장에 지붕을 설치하고 싶은 사람은 집이나 정원의 일부처럼 보이도록 처마를 길게 내도 좋을 것이다.

다만 단층집은 외부와 거리가 가깝고 실내와 실외가 동일 평면상에 있기 때문에 주차장이 눈에 들어오기 쉬우니 실내에서 어떻게 보이는가에도 신경을 쓰자.

(**POINT**)

건물과 일체감을 부여한다

주차장까지 지붕을 연장해서 건물과 일체감을 부여하면 디자인 측면에서도 일체적으로 느껴진다. 실내와 연결하면 짐이 많을 때나 날씨가 좋지 않을 때도 편리하다.

(**POINT**)

실내에서 어떻게 보이는가도 고려한다

실내나 정원에서 주차장이 그대로 들여다보이면 보기에 좋지 않다. 주차장과 방의 경계에 격자문이나 식재를 설치하면 자동차를 감추면서 통풍·채광도 얻을 수 있다.

건물과 일체화된 주차장으로 시선을 조절한다

거실 쪽 테라스에서 주차장 방향을 바라본 모습. 외부 수납공간의 외벽(사진 오른쪽)과 주차장의 담장(사진 중앙)은 삼나무로 만들어 정원과 조화를 이루게 했다.

현관과 주차장·외부 수납공간을 직접 연결시킨 단층집이다. 현관과 도로 사이에 주차장을 설치해 자동차를 넣고 빼기 쉽게 만들면서 전면 도로에서의 시선을 차단했다. 중정 쪽에는 루버를 설치해 거실·식당·주방에서 주차장이 그대로 들여다보이지 않도록 배려했다.

중정과 주차장 사이에 높이 1,600mm 정도의 루버 담장을 설치해 실내에서 자동차가 직접 보이지 않게 했다. 루버의 틈새를 통해 주차장 밖으로 자연스럽게 시선이 빠져나가기 때문에 넓게 느껴진다. 또한 통풍·채광도 확보할 수 있다.

지붕이 현관부터 주차장 전체를 뒤덮고 있어서 날씨가 좋지 않더라도 비에 젖을 걱정 없이 타고 내릴 수 있다.

주차장 옆에 외부 수납공간을 설치했다. 미래에 자녀가 늘어나거나 독립했을 때는 이곳에 단열 처리를 하면 별채로도 사용할 수 있다.

주차장·외부 수납공간에도 내력벽을 설치해 구조적으로도 건물과 일체화시켰다.

◀ ‥ ▶ : 시선

평면도[S=1:250]

'니시미소노의 집 2'
소재지: 시즈오카 현
부지 면적: 404.25㎡
바닥 면적: 133.96㎡
천장 높이: 2,000~2,100mm
설계: 오기 건축 공방
사진: 애드브레인

경관과 조화를 이루는 주차장 외관. 왼쪽이 외부 수납공간이다.

ㅌ

환경에 맞춘 단층집

태풍도 두렵지 않은 **남국의 단층집**

이 단층집이 지어진 곳은 섬의 대부분이 국립공원으로 지정되어 있는 이리오모테 섬이다. 태풍이 상륙하면 며칠 동안 바깥에 나가지 못하고, 정전이 되어 에어컨도 사용할 수 없다. 이 단층집은 태풍이 왔을 때도 안전하게 통풍을 확보하고 창문을 완전히 닫지 않은 채로 생활할 수 있도록 빈지문이 아니라 고강도 방풍 네트인 '허리케인 패브릭 스크린(허리케인 패브릭 오키나와)'을 적용하고 이를 부착하기 위한 갈고리를 처마에 설치했다. 날씨가 좋을 때는 서쪽으로 낸 대형 개구부를 통해 풍요로운 숲과 광대한 바다 등 섬의 역동적인 풍경을 마음껏 즐길 수 있다.

위: 처마 측면에 보이는 것이 방풍 네트를 설치하기 위한 갈고리다. 태풍이 올 때는 이 갈고리에 앵커를 끼우고 방풍 네트를 걸면 된다. | 오른쪽: 처마에 방풍 네트를 설치한 모습. 폭풍을 산들바람 수준으로 만들며, 바람에 날아오는 물건으로부터 집을 보호한다. 태풍이 왔을 때도 통풍과 채광을 확보할 수 있다.

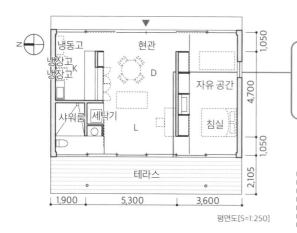

평면도[S=1:250]

넓은 콘크리트 테라스는 빨래나 작업 도구를 말리는 공간으로도 사용할 수 있다.

'Villa921'
소재지: 오키나와 현(이리오모테 섬)
부지 면적: 496.02㎡ / 연면적: 73.44㎡
설계: 하루나쓰 아키
사진: 나카무라 가이

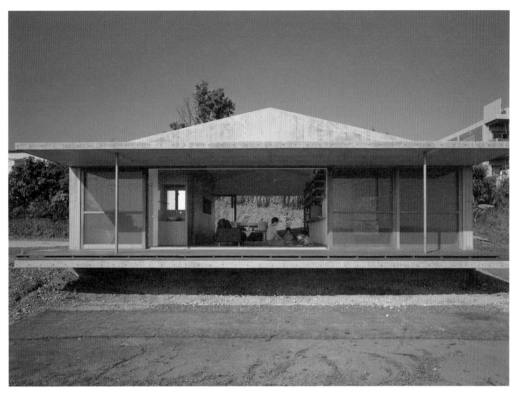

위: 서쪽 외관. 경관을 감상할 수 있는 서쪽에 약 2m의 깊은 처마를 내서 남국의 강한 햇빛을 차단했다. 지붕은 빗물이 고이지 않는 박공지붕을 채용했다. | 아래: 테라스에서 거실·식당, 현관을 바라본 모습. 대형 개구부를 통해 외부의 경치를 대담하게 실내로 끌어들인 덕분에 연면적에 비해 상당히 넓게 느껴진다.

집필자 프로필

가와조에 준이치로[川添純一郎]
가와조에 준이치로 건축 설계 사무소
1967년에 나가사키 현에서 태어나, 1991년에 규슈 대학교 공학부 건축학과를 졸업했다. 2000년에 가와조에 준이치로 건축 설계 사무소를 설립했다.

가자마쓰리 지하루[風祭千春] 가자마쓰리 건축 설계
1979년에 이바라키 현에서 태어나, 2001년에 도쿄전기대학교 공학부 건축학과를 졸업했다. 설계 사무소, 확인 심사 기관, 공무점 근무를 거쳐 2015년에 가자마쓰리 건축 설계를 설립했으며, 2016년에 NPO 법인 페이즈프리 건축 협회를 설립하고 이사장에 취임했다. 현재 ICS 컬리지 오브 아츠 비상근 강사다.

구와하라 마사아키[桑原雅明] 워크 큐브
1962년에 아이치 현에서 태어나, 1985년에 무사시 공업대학교 공학부를 졸업하고 1988년에 쓰쿠바 대학교 대학원 예술연구과를 수료했다. 이토 건축 설계 사무소를 거쳐 1992년에 워크 큐브를 공동설립했다.

기쿠치 요시하루[菊池佳晴] 기쿠치 요시하루 건축 설계 사무소
1977년에 미야기 현에서 태어나, 2000년에 도호쿠 예술공과대학교 디자인공학부 환경디자인학과를 졸업했다. 하네다 설계 사무소, 도시건축설계집단을 거쳐 2011년에 기쿠치 요시하루 건축 설계 사무소를 설립했다. 도호쿠 예술공과대학교 특별 강사다.

나가사와 도루[長澤徹] 폴라스타 디자인
1973년에 사이타마 현에서 태어나, 1996년에 도쿄 도립 대학교 공학부 건축학과를 졸업했다. 세키스이하우스에서 근무한 뒤 폴라스타 디자인 1급 건축사 사무소를 설립했다.

노구치 슈이치[野口修一] 노구치 슈이치 아키텍츠 아틀리에
1968년에 지바 현에서 태어나, 지바 대학교 대학원을 수료했다. 1998년에 도구치 슈이치 건축 설계실을 설립하고, 2009년에 노구치 슈이치 아키텍츠 아틀리에로 명칭을 변경했다.

니시시타 다이치[西下太一] 니시시타 다이치 건축 설계실
1988년에 아이치 현에서 태어나, 2012년에 도쿄 예술대학교 미술학부 건축학과를 졸업했다. 2016년에 니시시타 다이치 건축 설계실을 설립했다.

데구치 요시코[出口佳子] 스기시타 히토시 건축 공방
1971년에 아이치 현에서 태어났다. 야나세 마스미 건축 설계 공방을 거쳐 2001년부터 스기시타 히토시 건축 공방에서 근무하고 있다.

데라바야시 쇼지[寺林省二] 데라바야시 설계 사무소
1965년에 홋카이도에 태어나, 1987년에 도쿄 도립 무사시노기술전문학교 건축설계과를 졸업했다. 우메무라 마사히데 건축 설계 아틀리에를 거쳐 1998년에 데라바야시 설계 사무소를 설립했다.

마쓰바라 도모미[松原知리] 마쓰바라 건축 계획
1974년에 아이치 현에서 태어나, 1997년에 아이치 공업대학교를 졸업했다. 가토 설계, 구보타 히데유키 건축 연구소를 거쳐 2008년에 마쓰바라 건축 계획을 설립했다.

마쓰바라 마사아키[松原正明] 기기 설계실
1956년에 후쿠시마 현에서 태어나, 도쿄 전기대학교 공학부 건축학과를 졸업했다. 1986년에 마쓰바라 마사아키 건축 설계실을 설립했고, 2018년에 기기 설계실로 명칭을 변경했다. NPO 법인 집 만드는 모임의 정회원이다.

무라카지 나오토[村梶直시] 하루나쓰 아키
1980년에 이시카와 현에서 태어나, 2004년에 가나자와 공업대학교 대학원 석사 과정을 수료했다. 데쓰카 건축 연구소를 거쳐 2011년에 하루나쓰 아키에 참여했다.

무라카지 쇼코[村梶招子] 하루나쓰 아키
1976년에 기후 현에서 태어나, 2001년에 나고야 대학교 대학원 석사 과정을 수료했다. 같은 해에 이시모토 건축 사무소, 2006년에 데쓰카 건축 연구소를 거쳐 2011년에 하루나쓰 아키를 설립했다. 현재 가나자와 과학기술전문학교 비상근 강사다.

무코야마 히로시[向山博] 무코야마 건축 설계 사무소
1972년에 가나가와 현에서 태어나, 1995년에 도쿄 이과대학교 공학부 건축학과를 졸업했다. 가고시마 건설, 실러캔스 K&H를 거쳐 2003년에 무코야마 건축 설계 사무소를 설립했다.

미네타 겐[峯田建] 스튜디오 아키팜
1965년에 야마가타 현에서 태어나, 1991년에 도쿄 예술대학교 미술학부 건축과를 졸업하고 1993년에 동 대학교 대학원 미술연구과 석사 과정을 수료했다. 1996년에 스튜디오 아키팜 1급 건축사 사무소를 설립했다. 현재 지바 대학교, 도쿄 이과대학교 비상근 강사다.

사토 다카시[佐藤高志] 사토 공무점
1968년에 니가타 현에서 태어났다. 현 내의 건축 사무소에서 근무한 뒤 2002년에 사토 공무점에 입사했으며, 2010년에 대표로 취임했다. 저서로 《디자이너즈 공무점의 목조 주택 도감》이 있다.

사토 데쓰야[佐藤哲也] 사토·후세 건축 사무소
1973년에 도쿄 도에서 태어나, 1996년에 도쿄 디자인전문학교 건축디자인과를 졸업한 뒤 시이나 에이조 건축 설계 사무소에서 근무했다. 2003년에 후세 유코 건축 설계 사무소를 공동 주재하고, 2006년에 사토·후세 건축 사무소를 공동 설립했다.

사토 도모야[佐藤友也] 오기 건축 공방
시즈오카 현 하마마쓰 시의 설계 사무소에서 7년, 종합 도급 기업에서 현장 감독을 2년 정도 경험한 뒤 오기 건축 공방에 입사했으며, 2018년에 대표로 취임했다. 하마마쓰 시를 중심으로 주택을 설계·시공하고 있다.

스기시타 히토시[杉下均] 스기시타 히토시 건축 공방
1952년에 기후 현에서 태어나, 1975년에 건축 연구소 J를 공동 설립한 뒤 1978년에 스기시타 히토시 건축 공방을 설립했다.

시부야 다쓰로[渋谷達郎]
아키텍처 랜드스케이프 1급 건축사 사무소
1976년에 야마가타 현에서 태어나, 2004년에 게이오기주쿠 대학교 대학원 이공학연구과 전기 박사 과정을 수료했다. 구마 겐고 건축 도시설계사무소 등을 거쳐 2009년에 아키텍처 랜드스케이프 1급 건축사 사무소를 설립했다. 현재, 야마가타 대학교, 야마가타 현립 산업기술단기대학교, 도호쿠 예술공과대학교 비상근 강사다.

쓰쓰미 요사쿠[堤庸策] arbol
1979년에 도쿄 도에서 태어나, 1998년에 국립 아난공업고등전문학교 고등 과정을 수료한 뒤 전문학교 아트칼리지 고베를 졸업했다. 2002년에 다가시라 겐지 건축 연구소에 입사했으며, 2009년에 arbol을 설립했다.

아카자 노부타케[赤座伸武] 아카자 건축 디자인
1971년에 기후 현에서 태어나, 1990년에 무카이 건축 설계 사무소에 입사했으며, 2006년에 아카사 건축 디자인 사무소를 설립했다. 2009년부터 국립 기후 공업전문학교 건축학과 비상근 강사다.

야스에 레이지[安江怜史] 야스에 레이지 건축 설계 사무소
1980년에 아이치 현에서 태어나, 2002년에 시가 현립 대학교를 졸업했다. GA 설계 사무소를 거쳐 2014년에 야스에 레이지 건축 설계 사무소를 설립했다.

야시마 마사토시[八島正年] 야시마 건축 설계 사무소
1968년에 후쿠오카 현에서 태어나, 1993년에 도쿄 예술대학교 미술학부 건축과를 졸업하고 1995년에 동 대학교 대학원 미술연구과 석사 과정을 수료했다. 1998년에 야시마 마사토시+다카세 유코 건축 설계 사무소를 공동 설립했으며, 2002년에 야시마 건축 설계 사무소로 명칭을 변경했다.

야시마 유코[八島夕子] 야시마 건축 설계 사무소
1971년에 가나가와 현에서 태어나, 1995년에 다마 미술대학교 미술학부 건축과를 졸업업하고 1997년에 도쿄 예술대학교 대학원 미술연구과 석사 과정을 수료했다. 1998년에 야시마 마사토시+다카세 유코 건축 설계 사무소를 공동 설립했으며, 2002년에 야시마 건축 설계 사무소로 명칭을 변경했다. 현재 교리쓰 여자대학교 비상근 강사다.

오쓰카 요[大塚陽] 오쓰카 요 건축 설계
1973년에 이와테 현에서 태어나, 1995년에 홋카이도 도카이 대학교 예술공학부 건축학과를 졸업했다. 건축 기획 야마우치 사무소를 거쳐 2009년에 오쓰카 요 건축 설계를 설립했다.

오이카와 아쓰코[及川敦子] 오이카와 아쓰코 건축 설계실
1976년에 홋카이도에서 태어나, 2001년에 홋카이도 대학교 대학원 공학연구과 도시환경공학 전공을 수료했다. 이토 히로시 아틀리에를 거쳐 2005년에 비오폼 환경 디자인실에 참가했으며, 2006년에 오이카와 아쓰코 건축 설계실을 설립했다. 2012년부터 교토 조형예술대학교 대학원(통신교육부) 비상근 강사다.

요시모토 마나부[吉元学] 워크 큐브
1963년에 아이치 현에서 태어나, 1986년에 무사시 공업대학교 공학부를 졸업했다. 미야코 설계 사무소, MD 건축 설계 사무소를 거쳐 1992년에 워크 큐브를 공동 설립했다. 2019년 현재 아이치 슈쿠토쿠 대학교 교수다.

이다 료[飯田亮] 이다료 건축 설계실×COMODO 건축 공방
1979년에 도치기 현에서 태어나, 지방 공무점을 거쳐 2007년에 설계 사무소를, 2012년에 COMODO 건축 공방(공무점)을 설립했다. 디자인은 기본적으로 독학을 통해 익혔다.

이하라 미도리[伊原みどり] hm+architects 1급 건축사 사무소
1967년에 니가타 현에서 태어나, 1988년에 공학원대학 전문학교 건축학과를 졸업했다. 1988년에 다이이치 공방에 입사한 뒤, 2014년에 hm+architects 1급 건축사 사무소를 설립, 2016년부터 공동 주재하고 있다.

이하라 히로미쓰[伊原洋光] hm+architects 1급 건축사 사무소
1973년에 아이치 현에서 태어나, 1996년에 아이치 공업대학교 공학부 건축학과를 졸업하고 1998년에 아이치 공업대학교 대학원 공학 연구과를 수료했다. 1998년에 다이이치 공방에 입사한 뒤 2016년부터 hm+architects 1급 건축사 사무소를 공동 주재하고 있다. 현재 아이치 공업대학교, 주부 대학교 비상근 강사다.

하세가와 소이치[長谷川総一] 하세가와 설계 사무소
1956년에 가나가와 현에서 태어나, 1979년에 교토 공예섬유대학교 공학부를 졸업했다. 같은 해에 마스다 점포 설계 연구소에 입사했으며, 렌고 설계 사무소와 아틀리에 후루타 건축 연구소를 거쳐 1992년에 하세가와 설계 사무소를 설립했다.

핫토리 노부야스[服部信康] 핫토리 노부야스 건축 설계 사무소
1965년에 아이치 현에서 태어나, 1984년에 도카이 공업전문학교를 졸업했다. 같은 해에 메어로 공예, 1987년에 종합 디자이네, 1989년에 스페이스, 1992년에 R&S 설계 공방을 거쳐 1995년에 핫토리 노부야스 건축 설계 사무소를 설립했다.

호가키 도모야스[穂垣友康] 구라시 설계실
1980년에 히로시마 현에서 태어나, 2003년에 히로시마 대학교 공학부 건축학과를 졸업했다. 후지모토 가즈노리 건축 설계 사무소, 와타나베 아키라 설계 사무소를 거쳐 2012년에 구라시 설계실을 설립했다. 국립 구레 공업고등전문학교 비상근 강사다.

후세 유코[布施木綿子] 사토·후세 건축 사무소
1971년에 도쿄 도에서 태어나, 1994년에 일본 대학교 이공학부 건축학과를 졸업한 뒤 시아나 에이조 건축 설계 사무소에 입사했다. 2002년에 후세 유코 건축 설계 사무소를 주재하고, 2006년에 사토·후세 건축 사무소를 공동 설립했다.

히라노 에쓰에스[平野恵津泰] 워크 큐브
1965년에 아이치 현에서 태어나, 1987년에 메이지대학교 공학부를 졸업했다. 아오시마 설계를 거쳐 1992년에 워크 큐브를 공동 설립했다.

멋진 단층집 짓기

1판 1쇄 인쇄 | 2022년 8월 25일
1판 1쇄 발행 | 2022년 9월 6일

지은이 엑스날러지 편(가와조에 준이치로 외 35명)
옮긴이 이지호
펴낸이 김기옥

실용본부장 박재성
편집 실용1팀 박인애
마케터 서지운
판매전략 김선주
지원 고광현, 김형식, 임민진

디자인 푸른나무 디자인(주)
인쇄 · 제본 민언프린텍

펴낸곳 한스미디어(한즈미디어(주))
주소 121-839 서울시 마포구 양화로 11길 13(서교동, 강원빌딩 5층)
전화 02-707-0337 | 팩스 02-707-0198 | 홈페이지 www.hansmedia.com
출판신고번호 제 313-2003-227호 | 신고일자 2003년 6월 25일

ISBN 979-11-6007-623-3   13540